BRYOZOAIRES,

ÉCHINODERMES ET FORAMINIFÈRES

MARINS

DU DÉPARTEMENT DE LA GIRONDE

ET

DES COTES DU SUD-OUEST DE LA FRANCE

Par le Dr Paul FISCHER,

MEMBRE CORRESPONDANT DE LA SOCIÉTÉ LINNÉENNE DE BORDEAUX.

(Extrait des ACTES de la Société Linnéenne de Bordeaux, t. XXVII. 1870.)

PARIS

F. SAVY, LIBRAIRE-ÉDITEUR,

Rue Hautefeuille, 24.

1870

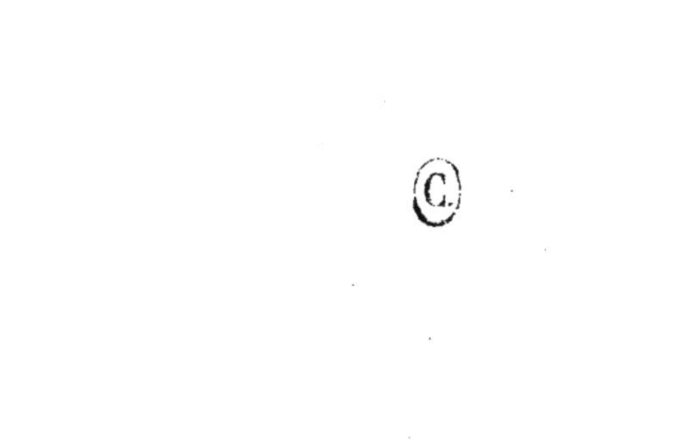

BRYOZOAIRES MARINS

DU DÉPARTEMENT DE LA GIRONDE

ET

DES COTES DU SUD-OUEST DE LA FRANCE

Par le Dr Paul FISCHER,
Membre correspondant de la Société Linnéenne de Bordeaux.

AVANT-PROPOS

Les résultats de nos études sur la distribution géographique des Mollusques marins du sud-ouest de la France nous ont engagé à entreprendre des travaux analogues pour les diverses classes d'animaux marins. Nous avons donc recueilli avec soin les Bryozoaires de nos rivages, et nous avons examiné les échantillons des collections publiques de La Rochelle, Bordeaux et Arcachon. A Paris, nous avons consulté la collection de Bryozoaires formée par A. d'Orbigny et acquise par le Muséum d'histoire naturelle, ainsi que la collection générale des Bryozoaires qui contient les types de Lamarck, Milne Edwards, etc. Enfin, nons avons déterminé les Bryozoaires dragués à d'assez grandes profondeurs par M. de Folin, dans le golfe de Gascogne.

Nous devons remercier notre ami M. Smitt, d'Upsal, de ses conseils et de ses précieux avis pour la détermination de nos espèces. La synonymie de d'Orbigny a été contrôlée par lui et nous offre par conséquent les garanties d'exactitude nécessaires dans des travaux de ce genre.

Nous remercions également MM. Souverbie, Lafont, Beltrémieux et de Folin de leurs bienveillantes communications.

CHAPITRE I.

STATIONS ET RECHERCHE DES BRYOZOAIRES.

Les Bryozoaires de France sont peu étudiés et peu connus. Lamarck (1) et Lamouroux (2) ont décrit plusieurs espèces de nos côtes, mais sans indication de localités. Plus tard, Milne Edwards (3) consacra quelques-uns de ses Mémoires aux Bryozoaires de la Manche; enfin, d'Orbigny (4), dans son grand ouvrage sur les Bryozoaires fossiles de la craie, a donné une liste descriptive de tous les Bryozoaires vivants et fossiles qu'il connaissait et dont un certain nombre sont représentés dans sa collection. Tels sont les seuls documents publiés en France sur ce sujet.

Cependant nos rivages sont riches en productions de cette nature; les côtes de la Manche surtout paraissent favorisées par le nombre et la variété de leurs formes (5). Le littoral du Sud-Ouest est peut-être plus pauvre, mais des recherches assidues et l'examen des corps sous-marins rapportés par la drague montrent bientôt que cette pauvreté est plutôt apparente que réelle. Toutefois, on ne saurait comparer nos mers à la Méditerranée, où abondent des Polypiers presque toujours recouverts par des colonies de Bryozoaires et où s'épanouissent un grand nombre d'espèces que nous n'avons jamais rencontrées dans nos parages.

Près du rivage, on doit rechercher les Bryozoaires sur les Fucoïdes et les Zostères. C'est là qu'on recueillera les *Electra*, les *Scrupocellaria*, les *Bicellaria*, qui vivent à peu de profondeur; sur les coquilles (Moules, Huîtres, Anomies, etc.), et principalement celles dont les animaux sont morts depuis longtemps, s'étalent les *Lepralia*, les *Membranipora*, les *Cellepora*, etc.; à la face interne de ces mêmes coquilles et dans l'épaisseur des couches calcaires superficielles se développent les Bryozoaires perforants des genres *Terebripora* et *Spathipora;* sur les

(1) *Histoire naturelle des animaux sans vertèbres* (1815-1822).

(2) *Exposition méthodique de l'ordre des Polypiers* (1821).

(3) *Annales des sciences naturelles*, ZOOLOGIE, années 1836-1838 (*Eschara*, *Crisia*, *Tubulipora*).

(4) *Paléontologie française*, TERRAINS CRÉTACÉS, t. V (1850-51).

(5) Le littoral de la Belgique est très-riche en Bryozoaires; malheureusement, les listes données par Van Bénéden, Westendorp, Lanszweert, etc., ne renferment qu'une partie de la faune. Ces naturalistes ne citent pas un seul *Lepralia*.

carapaces des Crustacés, on apercevra des *Lepralia*, *Cellepora*, *Hippothoa*, etc.

Les fragments de rochers servent de support aux *Flustra;* les Polypiers aux *Retepora;* les *Eschara* nous arrivent le plus souvent sous forme d'énormes agglomérations mesurant jusqu'à 50 centimètres de longueur.

Sur les coquilles draguées à de grandes profondeurs, on découvrira les *Ætea*, les *Tubulipora,* les *Discoporella,* ainsi que des espèces particulières de *Lepralia.* Dans les sables des grands fonds se montrent des articulations de *Cellaria.* Souvent la même coquille est couverte de plusieurs couches composées chacune d'espèces différentes; il est donc nécessaire d'apporter la plus grande attention à l'examen des Bryozoaires et de ne pas se laisser rebuter par le grand nombre d'examens que l'on doit faire pour arriver à connaître la liste des espèces d'une contrée.

CHAPITRE II.

AFFINITÉS ZOOLOGIQUES DES BRYOZOAIRES.

Les Bryozoaires ont été longtemps confondus avec les Polypes (Hydres, Sertulaires, Actinies, Coraux) dont ils ont l'apparence; Lamouroux (1), le premier, exprima quelques doutes au sujet de ce rapprochement et trouva des rapports entre les Eschares et les Ascidies.

Ehrenberg (2) après une étude des Polypes marins, comprit la nécessité de les diviser en deux grands groupes : celui des *Anthozoa* et celui des *Bryozoa.* Le premier renfermait les Actinies, les Coralliaires, les Gorgones; le second comprenait les Flustres et les Eschares.

Presque à la même époque, R. Grant (3), Audouin et Milne Edwards (4) annoncèrent que, chez les Flustres, le tube digestif, loin d'être droit et pourvu d'une seule ouverture comme chez les Sertulaires, était recourbé

---

(1) Loc. cit. (1821).

(2) *Symbolæ physicæ* (1826-1828). — *Corallenthiere des rothen Meeres* (1834).

(3) *Observations on the structure and nature of Flustræ.* (Edinb. Philos. Journ., p. 107-118, 337-342 (1827).

(4) *Résumé des recherches faites aux îles Chausey* (Ann. des Scienc. nat., 1re sér., t. XV, 1828).

et possédait une bouche et un anus distincts. On devait donc séparer ces animaux des Polypes proprement dits.

Telle fut également la conclusion de Thompson (1) qui créa, pour les *Bryozoa* d'Ehrenberg, la classe des *Polyzoa*. Ce nouveau nom, adopté par Johnston, Busk et la plupart des auteurs anglais, doit passer en synonymie. Il en est de même du terme *Ciliobranchiata* proposé par Farre (2).

Si tous les auteurs sont d'accord sur l'opportunité de distinguer les Bryozoaires des Polypes (Hydrozoaires, Actinozoaires), il s'en faut que les opinions soient unanimes au sujet du rang que les Bryozoaires doivent occuper dans la série animale.

Pour Milne Edwards comme pour Pictet, d'Orbigny, Van-Beneden, Gervais, etc., les Bryozoaires appartiennent à l'embranchement des Mollusques. Placés au voisinage des Tuniciers, ils constituent la liaison entre les *Acéphalés sans coquille* (Cuvier) et les Rayonnés.

Au contraire, Siebold, Owen et la plupart des naturalistes anglais soutiennent que les Bryozoaires sont de véritables Rayonnés.

Les arguments en faveur de la première opinion sont : existence d'une bouche et d'un anus distincts; tentacules recouverts de cils vibratiles et remplissant le rôle de branchies ; système nerveux apparent.

En faveur de la seconde opinion, on peut invoquer la morphologie des Bryozoaires, leurs rapports apparents avec les Hydrozoaires, leur mode de reproduction et d'acccroissement, leur embryogénie.

Quelle que soit l'opinion adoptée définitivement, il est impossible de ne pas être frappé des caractères qui rapprochent les Bryozoaires de certains Rayonnés.

Et d'abord ils sont rayonnés; autour de la bouche s'étale une couronne de tentacules comme chez les Actinozoaires et les Hydrozoaires.

Leur tube digestif, à la vérité, est complet, et ce caractère a une valeur incontestable en les éloignant de ces Rayonnés, mais il les rapproche de toute une autre série de Rayonnés, nous voulons parler des Echinodermes, pourvus généralement d'un tube digestif à deux ouvertures (3).

---

(1) *Zoological researches*, Pars I (1830).

(2) *Observations on the minute structure of some of the higher forms of* ***Polypi*** (1835).

(3) L'anus manque cependant chez les Ophiurides et chez les Astérides des genres *Astropecten*, *Luidia*, *Ctenodiscus*, etc. — La présence ou l'absence d'anus est donc loin d'avoir la valeur absolue que quelques auteurs ont attribué à ce caractère.

Les tentacules buccaux ou *branchiules* des Bryozoaires représentent les branchies externes des Oursins ou les branchies internes des Holothuries.

La cellule des Bryozoaires, spécialement dans le groupe des *Cheilostomata*, offre des rapports frappants avec le test des Echinides ; un *Lepralia* du groupe des *Escharipora*, par exemple, ressemble à un *Spatangus* fixé par sa face supérieure ; l'ouverture de la cellule correspondant à l'orifice buccal de l'Echinoderme.

Le test de nombreux Bryozoaires est régulièrement perforé comme celui des Oursins ; le limbe des *Membranipora* est chargé de véritables épines, qui n'ont d'analogie par leur forme, leur insertion, leur mobilité qu'avec celles des Echinides.

Les *avicularia* des *Bugula* ne sont autre chose que les pédicellaires des Oursins, placés de même au voisinage de la bouche et ayant probablement les mêmes usages.

Les Bryozoaires constitueraient donc une classe d'êtres intermédiaire entre les Tuniciers et les Rayonnés, mais plus proche des Rayonnés. Parmi ceux-ci, ils se rapprocheraient plus des Echinodermes que des Polypes.

Les Rayonnés peuvent par conséquent se répartir en deux grandes divisions :

1° Tube digestif pourvu généralement d'une bouche et d'un anus distincts : Echinodermes, Bryozoaires.

2° Tube digestif à une seule ouverture : Hydrozoaires, Actinozoaires.

Quant aux Spongiaires et aux Rhizopodes, ils forment, par leur réunion avec les autres Amorphozoaires, un embranchement d'importance égale à celle de l'embranchement des Rayonnés.

CHAPITRE III.

CLASSIFICATION.

La détermination et la classification des Bryozoaires offrent de sérieuses difficultés. Nous avons dû adopter en général la classification des auteurs anglais, quoiqu'elle diffère à beaucoup de points de vue de celle de d'Orbigny ; mais c'est en Angleterre qu'on a le plus étudié les Bryozoaires des mers d'Europe et que l'on en a donné les figures les plus nombreuses et les plus exactes. Nous citerons spécialement parmi les ouvrages où nous avons puisé des renseignements précieux, ceux de Johnston (1) et de Busk (2). Ce dernier auteur s'est occupé des Bryozoaires avec prédilection.

D'Orbigny a proposé une classification très-compliquée; il attachait une importance capitale au groupement des cellules dans une colonie; il examinait si la colonie était dressée, rampante, incrustante, cohérente ou rameuse; ces caractères, joints à la structure particulière des cellules, ont servi de base à son système. Malgré les efforts du savant naturaliste français, ses errements n'ont pas prévalu. Il est démontré, au contraire, que le groupement des cellules de Bryozoaires n'a rien de fixe et dépend de la nature des corps qu'ils revêtent. La cellule, par conséquent, doit fournir seule des caractères de première valeur.

On n'en peut produire de meilleures preuves qu'en citant une espèce très-commune sur les côtes du Sud-Ouest, l'*Electra pilosa* Linné, que d'Orbigny a répartie dans cinq genres, suivant que les cellules étaient disposées sur des lignes parallèles, en quinconce, ou que la colonie était incrustante comme les *Membranipora* et les *Hippothoa* ou libre comme les Flustres. De même, les *Tubulipora*, les *Proboscina*, les *Discoporella* nous offrent, pour une seule et véritable espèce, deux genres différents d'après la forme rampante ou dressée de la colonie.

Ces exemples suffisent pour démontrer le côté défectueux des travaux de classification de d'Orbigny; on peut encore lui reprocher d'avoir multiplié à l'infini les espèces dans une classe d'animaux où des variations, souvent très-aberrantes, se montrent dans une même colonie dont tous les membres ont une commune origine. Nous ne croyons pas exagérer en affirmant que les deux tiers des Bryozoaires de la craie décrits par d'Orbigny font double emploi.

Mais ce ne sont pas seulement les variations de la cellule qui rendent difficile la détermination des Bryozoaires; leur constitution est éminemment irrégulière; des organes importants peuvent manquer sur presque toutes les cellules d'une colonie, ou, s'ils existent, leur caducité permet à peine de les apercevoir; l'âge modifie l'aspect et la nature des cellules; la présence de vésicules ovariennes leur donne, parfois, un aspect

---

(1) *A history of British Zoophytes* (1re éd. Edinburgh, 1838.—2e éd. London (1847).

(2) *Catalogue of marine Polyzoa in the collection of the British Museum* (London, 1852-1854). — *A monograph of the fossils Polyzoa of the Crag* (Palæontographical Society (1859).

méconnaissable; enfin, la nature des corps sous-jacents, l'état de conservation ou d'usure, l'encroûtement, l'envahissement du calcaire ajoutent encore aux incertitudes des nomenclateurs.

Nous pensons donc que la classification des Bryozoaires est à refaire. Les auteurs anglais n'ont pas été guidés par des principes fixes dans leurs travaux; tantôt ils ne se sont préoccupés que de la forme des cellules, comme on peut le voir par leur groupement des *Tubulipora;* tantôt ils n'en tiennent guère compte, et c'est ainsi que le grand genre *Lepralia* de Johnston est composé de types hétérogènes; parfois le groupement des cellules est à leurs yeux un caractère important; M. Busk a pu de la sorte réunir sous le nom d'*Hippothoa,* des *Hippothoa* véritables, des *Ætea* des *Membranipora* etc.; parfois enfin ils ne lui accorderont pas la moindre valeur. S'ils admettent trop peu de genres pour les *Lepralia,* ils en sont prodigues pour les Bryozoaires du groupe des *Flustra, Bugula, Cellaria*, etc.

Il faut donc attendre le résultat de nouvelles recherches sur les Bryozoaires; elles pourront seules donner les bases d'une bonne classification en nous montrant les modifications d'une même espèce à tous les âges et sous toutes les formes. Les travaux récents et remarquables de notre ami F. A. Smitt (1) nous paraissent indiquer la véritable voie dans laquelle les naturalistes doivent s'engager.

L'auteur a tenté de résoudre un problème difficile, et a fait faire à cette partie de la science des progrès incontestables. Il représente l'esprit de réaction contre l'analyse à outrance dont les excès ont conduit beaucoup de zoologistes à la négation de l'espèce, non pas telle qu'elle exista dans le temps, mais bien telle qu'elle se présente aujourd'hui! Or, nous croyons à l'existence certaine des espèces actuelles, mais non à celle d'une quantité d'espèces prétendues, établies à la légère et destinées à prouver combien est grande la variabilité d'un type spécifique.

---

(1) *Kritisk förteckning öfver Skandinaviens Hafs-Bryozoer* (Ofvers. af K. Vet. Akad. Förhandl., 1865-1868) — *Om Hafsbryozoernas utveckling och fettkroppar ibid.* Stockholm, 1865).

ORDO I.

CYCLOSTOMATA Busk.

(TUBULIPORIDES *Milne Edwards.*— TUBULINÉS *d'Orbigny.*)

CRISIA Lamouroux.

1. **Crisia eburnea** Linné, Syst. nat., ed. X, p. 810 (*Sertularia*).— Lamouroux, Polyp. flex. p. 138 (*Crisia*). — Smitt, Kritisk Förteckn., etc. p. 117, pl. 16.

Crisia denticulata Lamarck, Anim. s. vert. ed. 1, t. II, p. 137.— Milne Edwards, Ann. sc. nat. ser. 2, t. IX. p. 201, pl. 7, fig. 1.

Hab. Royan (Charente-Inférieure). — Embouchure du Bassin d'Arcachon (Gironde).— Golfe de Gascogne dans les bas-fonds (de Folin).

Obs. A la suite d'une étude approfondie des *Crisia*, M. Smitt a démontré que tous les *Crisia* de nos côtes appartenaient à la même espèce ou n'étaient que des individus à des états divers de développement; suivant que les cellules étaient plus ou moins connées, munies ou privées d'appendices cornus, on a créé pour elles les noms de *Crisia geniculata, eburnea, cornuta, aculeata, denticulata*, etc. Les genres *Crisidia, Filicrisia, Unicrisia, Bicrisia* sont établis sur des états différents d'un même Bryozoaire.

Le *Crisia eburnea* vit sur toutes les côtes océaniques de France.

DIASTOPORA Lamouroux.

2. **Diastopora patina** Lamarck, Anim. s. vert., éd. 1, t. II, p. 163 (*Tubulipora*). — Johnston, Brit. zooph., éd. II, p. 266, pl. 47, fig. 1-3.— Smitt, Kritisk Förteckn., etc., p. 397, pl. 8, fig. 13-15. — (*Diastopora*).

Discosparsa marginata d'Orbigny, Paléont. fr., terr. crét., p. 822, pl. 757, fig. 5-10.

β. *Berenicea prominens* d'Orbigny, *loc. cit.*, p. 862, pl. 760, fig. 7-9 (non *Berenicea prominens* Lamouroux).

Hab. Royan, Ile de Ré (Charente-Inférieure). Côtes de la Gironde et des Basses-Pyrénées, sur les coquilles draguées au large. C.

Obs. A l'état jeune et lorsque la colonie est étalée, cette espèce a été rapportée par d'Orbigny au *Berenicea prominens* de Lamouroux;

dressée en forme de coupe, elle constitue le *Discosparsa marginata* de d'Orbigny.

On trouve ce Bryozoaire très-fréquemment sur les rivages de la Manche; il se fixe et se multiplie avec profusion sur les coquilles de vieilles huîtres. On peut y étudier toutes ses transformations, ainsi que le mode particulier de gemmation figuré par d'Orbigny.

ENTALOPHORA Lamouroux.

3. **Entalophora proboscidea** Milne Edwards, Ann. des Sc. nat., t. IX, p. 27, pl. 12, fig. 2 (*Pustulipora*). — D'Orbigny, Paléont. fr., terr. crét., p. 780.
Entalophora gallica d'Orbigny, *loc. cit.*, p. 781.

Hab. Ile de Ré (Charente-Inférieure). — Golfe de Gascogne.

Obs. D'Orbigny a considéré comme distinct de l'*Entalophora proboscidea* de la Méditerranée, un Bryozoaire à cellules plus larges et plus longues. Son *Entalophora gallica* des côtes de l'île de Ré, n'est, en réalité, qu'un échantillon plus adulte que les exemplaires de la Méditerranée conservés dans sa collection.

PROBOSCINA Audouin.

4. **Proboscina tubigera** d'Orbigny, Paléont. fr., terr. crét., p. 817 (*Filisparsa*).
Filisparsa incrassata d'Orbigny (*var.*) Smitt, Kritisk Förteckn., etc., p. 402, pl. 5, fig. 1-7 et 6, fig. 1.
β. *Proboscina serpens* d'Orbigny, *loc. cit.*, p. 847 (non *Tubipora serpens* Fabricius).

Hab. Ile de Ré (Charente-Inférieure), golfe de Gascogne.

Obs. D'Orbigny signale une autre localité pour cette espèce : les côtes du Calvados. Les caractères qu'il lui assigne pour la distinguer de son *Proboscina incrassata* des mers du Nord, indiquent seulement un âge et un nombre de cellules différents dans les colonies qu'il a étudiées; par conséquent on devra réunir ces deux espèces sous un même nom.

Le *Prcboscina tubigera* est une forme dressée ou rameuse; la forme rampante de la même espèce constitue le *Proboscina serpens* de d'Orbigny et vit dans la même localité sur les *Eschara*.

TUBULIPORA Lamarck.

5. **Tubulipora transversa** Lamarck, Hist. nat. anim. s. vert. éd. 1, t. II, p. 162. — Milne Edwards, Ann des sc. nat., 2e série, t. IX, p. 218, pl. 9, fig. 3 (*Idmonea*). — D'Orbigny, Paléont. fr. terr. crét., p. 731.

β. *Idmonea dilatata* d'Orbigny, Paléont. fr. terr. crét., p. 731.

Tubipora serpens Linné, Syst. nat. éd. 10, p. 790 (non *Tubipora serpens* Fabricius).

Tubulipora serpens Smitt, Kritisk Förteckn., etc, p. 399, pl. 3, fig. 1-5 et pl. 9, fig. 1-2.

Hab. Ile de Ré (Charente-Inférieure); en dehors du bassin d'Arcachon (Gironde), sur les Avicules; golfe de Gascogne sur les coquilles draguées à de grandes profondeurs.

Obs. Ce Bryozoaire se présente sous deux formes : la forme dressée est l'*Idmonea dilatata* d'Orbigny; la forme rampante, le *Tubulipora transversa* Lamarck.

Il est probable que la forme rampante a été décrite par Linné sous le nom de *Tubipora serpens*. Mais cette désignation est très-incertaine; ainsi, le *Tubipora serpens* L. serait le *Tubulipora transversa* Lamarck; le *Tubipora serpens* Fabricius serait le *Tubulipora fimbria* Lamarck; le *Proboscina serpens* de d'Orbigny serait le *Proboscina incrassata* d'Orbigny; dans le doute, il vaut mieux accepter le nom de Lamarck.

DISCOPORELLA Gray.

6. **Discoporella hispida** Fleming, Brit. anim., p. 530 (*Discopora*). — Johnston, Brit. zooph., ed. 2, p. 268, pl. 47, fig. 9, 11 (*Tubulipora*). — Gray, Cat. Brit. Mus. Radiata, p. 138 (*Discoporella*). — Smitt, Kritisk Förteckn., etc., p. 406, pl. 11, fig. 10-12.

β. *Discocavea aculeata* d'Orbigny, Paléont. fr. terr. crét., p. 958, pl. 776, fig. 5-8.

γ. *Unicavea convexa* d'Orbigny, Paléont. fr. terr. crét., p. 972.

Hab. Toutes les côtes du sud-ouest de la France, sur les coquilles d'huîtres draguées au large.

Obs. Les colonies présentent trois formes principales: tantôt elles sont incrustantes, non dressées en cupules, à limbe peu prononcé, elles se rapportent alors au *Tubulipora hispida* Johnston ; les colonies du *Discocavea aculeata* d'Orbigny sont dressées en forme de coupe , le limbe est large ; les cellules sont placées dans la dépression centrale ; enfin , l'*Unicavea convexa* d'Orbigny comprend les colonies très-étalées, non dressées , à cellules groupées autour de centres multiples. Cette dernière forme est très-commune sur les huîtres de nos rivages de la Manche.

M. de Folin m'a envoyé un Bryozoaire du golfe de Gascogne qui paraît se rapporter par tous ses caractères au *Discoporella verrucaria* Linné (Smitt, Kritisk Förteckn., p. 405 , pl. 10, fig. 6-8 et pl. 11, fig. 1-6) ; malheureusement cet exemplaire unique est en mauvais état. Il est probable que de nouvelles recherches feront découvrir d'autres spécimens.

7. **Discoporella crassiuscula** Smitt , Kritisk Förteckn. öfver Skand. hafs-Bryozoer, p. 406 , pl. 11 , fig. 7-9.

Hab. Ile de Ré, côtes de la Gironde, golfe de Gascogne, sur les coquilles draguées par 50 brasses environ.

Obs. Petite espèce , bien caractérisée, remarquable par la saillie de la partie centrale de la colonie, qui est hémisphérique. Nous l'avons retrouvée sur les huîtres des côtes de la Manche, où elle est commune.

ORDO II.

CTENOSTOMATA Busk.

AMATHIA Lamouroux.

8. **Amathia lendigera** Linné, Syst. nat. ed. 12, p. 1311 (*Sertularia*). — Lamouroux, Polyp. flex., p. 159 (*Amathia*). — Lamarck, Anim. sans vert., ed. 1, t. II, p. 130. (*Serialaria*).— Johnston, Brit. zooph., ed. 1, p. 251, fig. 40.

Hab. Ile de Ré (Charente-Inférieure).

Obs. Nous citerons ici deux espèces de Bryozoaires de l'ordre des *Ctenostomata* que nous avons recueillies dans la Manche, mais qui n'ont pu être encore découvertes sur les côtes du Sud-Ouest. Ce sont :

1° *Vesicularia spinosa* Linné, Syst. nat., ed. 12, p. 1,312 (*Sertularia*). — Thompson , zool. Ill., p. 98 , pl. 3, fig. 1-8 (*Vesicularia*). — Johnston, Brit. zooph., ed. 1, p. 250, pl. 29, fig. 1-4.

2° *Alcyonidium hispidum* FABRICIUS, Fauna groenl., p. 438 (*Flustra*). — Smitt, Kritisk Förteckn., etc., p. 499, pl. 12, fig. 22-27 (*Alcyonidium*).

ORDO III.

CHEILOSTOMATA BUSK.

ESCHARIDES *Milne Edwards*. — CELLULINÉS *d'Orbigny*.

ÆTEA LAMOUROUX.

9. **Ætea anguina** LINNÉ, Syst. nat. ed. 10, p. 816 (*Sertularia*). — Lamouroux, Soc. philom., p. 184. 1812 (*Ætea*). — Busk, Cat. Brit. mar. Polyzoa, p. 31, pl. 15, fig. 1. — Smitt, Kritisk Förteckn., p. 280, pl. 16, fig. 2-6.

Anguinaria spathulata LAMARCK, Anim. s. vert. ed. 1, vol. II, p. 143.

β. *Hippothoa sica* COUCH, Corn. fauna part. 3, p. 102, pl. 19, fig. 8.

Ætea recta HINCKS, Ann. mag. nat. hist., Ser. 3, t. IX, p. 25, pl. 7, fig. 3.

Stomatopora gallica d'ORBIGNY, Paléont. fr. terr. crét., p. 836, pl. 759, fig. 1-3.

HAB. En dehors du bassin d'Arcachon, sur les *Anomia*, *Pecten*, *Avicula*; La Rochelle, sur les Fucoïdes.

OBS. La forme β désignée sous les noms d'*Ætea recta*, *Hippothoa sica*, *Stomatopora gallica* n'a pas été vue sur nos rivages. Le type de d'Orbigny provient des côtes du Calvados.

TEREBRIPORA D'ORBIGNY.

10. **Terebripora Orbignyana** FISCHER, Nouvelles Archives du Muséum, t. II, p. 301, pl. 11, fig. 2.

HAB. Bassin d'Arcachon, dans les valves de l'*Ostrea edulis*.

OBS Nous avons découvert ce singulier Bryozoaire perforant sur les côtes du sud-ouest de la France. Il habite également la Méditerranée et a creusé ses galeries dans le test des coquilles appartenant aux terrains subapennin et falunien supérieur.

La colonie est peu régulière; les canalicules sont d'une finesse extrême;

les cellules courtes, subconiques sont distantes de huit à douze fois leur longueur. Tantôt l'un des axes secondaires ou ternaires avorte, tantôt il se détache de l'axe principal sans que la cellule existe à ce niveau. Les rameaux opposés partent au-dessous de la cellule.

SPATHIPORA Fischer.

11. **Spathipora sertum** Fischer, Nouvelles Archives du Muséum, t. II, p. 309, pl. 11, fig. 4.

Hab. Toutes les côtes du sud-ouest de la France, dans les coquilles des *Lutraria elliptica*, *Cardium Norvegicum*, *Buccinum undatum*, etc.

Obs. Colonie rameuse; axes principaux rectilignes, donnant naissance, sous des angles droits ou presque droits, aux axes secondaires; ceux-ci, très-inégaux dans leur longueur, mais pouvant dépasser les dimensions des axes principaux; quelquefois on voit des axes tertiaires. Cellules alternantes allongées; ouverture petite, ronde, avec une entaille étroite et longue.

Les Spathipores diffèrent des Térébripores par le groupement de leurs axes et de leurs cellules qui sont ici alternes et non opposés.

Le caractère des cellules de ces deux genres les rapproche beaucoup des *Ætea* et spécialement de l'*Ætea truncata* Landsborough.

EUCRATEA Lamouroux.

12. **Eucratea chelata** Linné, Syst. nat., ed. 10, p. 816 (*Sertularia*. — Lamouroux, Polypiers flex., p. 149, pl. 3, fig. 5 (*Eucratea*). — Busk, Cat. Brit. mar. Polyzoa, p. 29, pl. 17, fig. 2 (*Scruparia*), — Smitt, Kritisk Förteckn., etc., p. 281, pl. 16, fig. 7-9 (*Eucratea*).

Hab. Royan (Charente-Inférieure) sur les algues. — Bassin d'Arcachon, sur les *Mytilus* fixés aux bouées des passes. — Biarritz (Basses-Pyrénées), sur les algues.

CELLULARIA Pallas.

13. **Cellularia scruposa** Linné, Syst. nat., ed. X, p. 815 (*Sertularia*). — Pallas, Elench. zooph., p. 72 (*Cellularia*). Van Beneden, Rech. s. l'an. des Bryoz., p. 19 et 26, pl. 2, fig. 8-16 (*Scrupocellaria*). — Busk, Cat. Brit. mar. Polyzoa, p. 25,

pl. 22, fig. 3-4. — Smitt, Kritisk Förteckn., etc., p. 285, pl. 17, fig. 42-50 (*Cellularia*).

Hab. La Rochelle, Ile de Ré (Charente-Inférieure). — Soulac, Arcachon (Gironde), très-commun sur les Zostères.

Obs. Espèce qui pullule dans le bassin d'Arcachon et s'attache aux Zostères, ainsi que l'*Electra pilosa* et les Botrylles. Nous l'avons vue sur des *Pecten* pris à des profondeurs plus considérables ; mais elle n'offrait pas de différence avec les exemplaires de la zone littorale.

BICELLARIA Blainville.

14. **Bicellaria ciliata** Linné, Syst. nat ed. X, p. 815 (*Sertularia*). — Blainville, Man. d'actinol., p. 459 (*Bicellaria*). — Busk, Cat. Brit. mar. Polyzoa, p. 41, pl. 34. — Smitt, Kritisk Förteckn., etc., p. 288, pl. 18, fig. 1-3.

Hab. Ile de Ré, La Rochelle (Charente-Inférieure). — Bassin d'Arcachon (Gironde), sur les Zostères et les pierres du rivage.

BUGULA Oken.

15. **Bugula angustiloba** Lamarck, Hist. nat. an. s. vert., ed. 1, t. II, p. 158 (*Flustra*).

Cellularia avicularia β Pallas, Elench. zooph., p. 68. — Smitt, Kritisk Förteckn., etc., p. 289, 290, pars (*Bugula*).

Bugula flabellata Busk, Cat. Brit. mar. Polyzoa, p. 44, pl. 51 et 52.

Ornithoporina avicularia d'Orbigny, Paléont. fr., terr., crét., p. 322.

Hab. Ile de Ré (Charente-Inférieure). R.

FLUSTRA Linné.

16. **Flustra chartacea** Gmelin, Syst. nat, ed. XIII, p. 3828. — Smitt, Bryozoa maris borealis et arctici, p. 451, n° 50.

Flustra papyracea d'Orbigny, Paléont. française, Terr. crét., p. 56. — Beltrémieux, Faune de la Char.-Inf., p. 88. — Busk. Cat. Brit. mar. Polyzoa, p. 48, pl. 55, fig. 6-7.

Flustra membranaceo-truncata Smitt, Kritisk Förteckn., etc., p. 358, pl. 20, fig. 1-5.

Hab. La Rochelle, Ile de Ré (Charente-Inférieure).

Obs. Nos exemplaires sont pourvus de petites épines près des angles de chaque cellule.

17. **Flustra foliacea** Linné, Syst. nat., ed. X, p. 804. — Busk, Cat. Brit. mar. Polyzoa, p. 47, pl. 55, fig. 45, pl. 56, fig. 5. — Smitt, Kritisk Förteckn., etc., p. 360, pl. 20, fig. 12-16. — Beltrémieux, Faune de la Char.-Inf., p. 89.

Hab. Côtes de la Charente-Inférieure. — Soulac (Gironde). R.

Obs. Cette Flustre, si commune dans la Manche, devient très-rare sur nos côtes, où elle n'a été recueillie qu'un petit nombre de fois.

CELLARIA Linné.

18. **Cellaria fistulosa** Linné, Syst. nat., ed. X, p. 804 (*Eschara*). — Smitt, Kritisk Förteckn., etc., p. 362, pl. 20, fig. 18-20 (*Cellaria*).

Cellaria salicornia d'Orbigny, Paléont. fr., terr. crét., p. 28.

Salicornaria farciminoides Busk, Cat. Brit. mar. Polyzoa, p. 16, pl. 64.

Hab. Ile de Ré (Charente-Inférieure). — Se trouve à l'état mort dans tous les fonds du golfe de Gascogne (de Folin).

ELECTRA Lamouroux.

19. **Electra pilosa** Linné, Fauna suecica, ed. II, p. 539 (*Flustra*). — Busk, Cat. Brit. mar. Polyzoa, p. 56, pl. 71 (*Membranipora*). — Smitt, Kritisk Förteckn., etc., p. 368.

α. *Electra verticillata* Lamouroux, Polyp. flex., p. 121, pl. 2, fig. 2.

β. *Electrina lamellosa* d'Orbigny, Paléont. fr. terr. crét. p. 188.
Electrina cylindrica d'Orbigny, Paléont. fr., terr. crét. p. 188.

γ *Reptelectrina pilosa* d'Orbigny, *loc. cit.*, p. 334.

δ. *Reptelectrina dentata* d'Orbigny, *loc. cit.*, p. 334.

ε. *Pyropora ramosa* d'Orbigny, *loc. cit.*, p. 539.

ζ. *Hippothoa catenularia* Jameson; Busk, Cat. Brit. mar. Polyzoa, p. 29, pl. 18, fig. 1-2.

Hab. Toutes les côtes du sud-ouest de la France; très-commun à La Rochelle, Ile de Ré, Arcachon, sur les Huîtres, les Zostères, etc.

Obs. Cette espèce est un des premiers Bryozoaires qui aient été décrits. Réaumur l'a signalée dès 1711 (Mém. Acad. des Sc., p. 42, pl. 5, fig. 10 (1712), d'après des exemplaires recueillis à La Rochelle et développés sur des plantes marines. « Il y naît assez communément, dit-il, une coralline très-jolie, travaillée avec un art merveilleux. »

Les cinq variétés citées plus haut peuvent se ranger en deux groupes : les variétés α, β, γ sont caractérisées par la présence d'une longue épine au bord inférieur de l'ouverture ; cette épine est caduque ou peu développée dans les variétés δ et ε.

La variété α est verticillée ; ses cellules sont disposées sur une même ligne transversale ; elle est libre, dressée, ou recouvre des Sertulariens.

La variété β est également dressée ; elle recouvre des Fucoïdes et a l'apparence d'un *Flustra* ; mais ses cellules sont disposées en quinconce.

La variété γ est encroûtante et étalée comme les *Membranipora*.

La variété δ ne diffère de la précédente que par sa longue épine caduque.

La variété ε est étalée, ses colonies forment des lignes rameuses ; on y compte un petit nombre de cellules : 2 ou 3 ; quelquefois même on ne trouve qu'une seule série de cellules placées bout à bout et disposées comme chez les *Hippothoa*. Le *Membranipora monostachys* Busk n'en diffère pas.

La variété ζ est hippothoïforme, à cellules plus petites, étroites, allongées, inermes ; elle vit sur les coquilles recueillies à de grandes profondeurs.

Nous avons adopté le genre *Electra* de Lamouroux à cause des différences que présente la cellule de l'*E. pilosa* comparée à celle des véritables *Membranipora*.

MEMBRANIPORA Blainville.

20. **Membranipora lineata** Linné, Syst. nat., ed. XII, p. 1301 (*Flustra*). — Johnston, Brit. Zooph., ed. II, p. 349, pl. 66, fig. 4. — Busk, Cat. Brit. mar. Polyzoa, p. 58, pl. 61 (*Membranipora*). — Smitt, Kritisk. Förteckn., etc., p. 368, pl. 20, fig. 23-31.

Hab. La Rochelle (Charente-Inférieure), sur les *Mytilus* et les pierres. — Bassin d'Arcachon (Gironde). — Saint-Jean-de-Luz (Basses-Pyrénées). — Noirmoutiers (Vendée),

21. **Membranipora spinifera** Johnston, Trans. Newc. soc., vol. II, p. 266, pl. 9, fig. 6 (*Flustra*). — Busk, Quart. Journ. of microsc. sc., t. V. p. 247 (*Membranipora*). — Smitt, Kritisk Förteckn., etc., p. 366, pl. 20, fig. 32.

HAB. Saint-Jean-de-Luz, Biarritz (Basses-Pyrénées). R.

22. **Membranipora Flemingi** BUSK, Cat. Brit. mar. Polyzoa, p. 58. — Smitt, Kritisk Förteckn., etc., p. 367, pl. 20, fig. 37-44.

α. *Membranipora trifolium* Wood, Ann. Mag. nat. hist., ser. I, t. XIII, p. 20 (*Flustra*). — Busk, Crag Polyzoa, p. 32, pl. 3, fig. 1-3 et 9 (*Membranipora*).

β. *Membranipora Flemingi* Busk (p. p.), Cat. Brit. mar. Polyzoa, p. 58, pl. 84, fig. 3-5.

Membranipora Pouilleti, Busk (p. p.), Crag Polyzoa, p. 32, pl. 3, fig. 4-6.

γ. *Membranipora minax* Busk, Zooph. Quart. Journ. microsc. sc., t. VIII, p. 125, pl. 25, fig. 1.

Membranipora Flemingi Busk (p. p.), Cat. Brit. mar. Polyzoa, pl. 61, fig. 2.

HAB. Toutes les côtes du sud-ouest de la France, à des profondeurs variables, quelquefois très-considérables.

OBS. Bryozoaire très-polymorphe; ses principales variétés sont: *Membranipora trifolium* Wood, à lame interne calcaire, à ouverture trilobée; elle vit à de grandes profondeurs; *Membranipora Pouilleti* Alder, Busk, à cellules petites, allongées, étroites; *Membranipora minax* Busk, à cellules plus courtes, à ouverture subtrapezoïde. Ces deux dernières formes vivent sur les Huîtres et les Anomies.

23. **Membranipora hexagona** BUSK, Zoophytology, *in* Quart. Journ. of micr. sc.; t. IV, p. 308, pl. 12, fig. 4.

HAB. Dragué par 50 brasses environ sur l'*Ostrea cochlear*, en dehors du bassin d'Arcachon (Lafont).

OBS. Nous n'avons vu ce Bryozoaire qu'une seule fois; il se rapportait parfaitement à la description et à la figure données par M. Busk.

24. **Membranipora Lacroixi** AUDOUIN, *in* Savigny, Descript. de l'Égypte, Polypiers, p. 240. pl. 10, fig. 9 (*Flustra*). — Busk, Cat. Brit. mar., Polyzoa, p. 60, pl, 69, fig. 1 (*Membranipora*).

β. *Biflustra delicatula* (pars) Busk, Crag Polyzoa, p. 72, pl. 2, fig. 7. — Manzoni, Bryoz. foss. Ital., p. 4, pl. 1, fig. 5.

Flustra Savarti Audouin, *in* Savigny, Descript. de l'Égypte, Polypiers, p. 240, pl. 10, fig. 10.

HAB. Toutes nos côtes, sur les *Mytilus*, *Ostrea*, *Anomia*.

Obs. 1. La forme *Membranipora* est la plus commune; le bord des cellules est généralement simple, pourvu quelquefois de deux *avicularium* en avant.

Nous croyons que cette espèce, envahie par la calcification, devient un *Biflustra*, et nous lui rapportons deux colonies de *Biflustra* trouvées dans le bassin d'Arcachon, et dont le point de départ est difficile à deviner. L'une montre quelques tubercules en avant des cellules; elle se rapproche du *Membranipora tuberculata* Busk (Crag Polyzoa, p. 30, pl. 2, fig. 1); l'autre en est dépourvue, et l'aspect des cellules est semblable à celui du *Biflustra delicatula* Busk, cité ci-dessus et décrit avec la remarque suivante : *Older or worn condition.* Ces *Biflustra* forment une croûte jaune, calcaire, brillante, semblable aux colonies de l'*Eschara foliacea.*

Obs. 2. Nous avons trouvé, sur les roches de Douarnenez (Finistère), une espèce très-intéressante, rapportée récemment au genre *Membranipora* par M. Smitt (Kritisk Förteckn., p. 366, pl. 20, fig. 50-51); c'est le *Lepralia nitida* Johnston, (Busk, Cat. Brit. mar., Polyzoa, p. 76, pl. 76, fig. 1).

ESCHARIPORA D'ORBIGNY.

25. **Escharipora innominata** Couch *in* Busk, Crag Polyzoa, p. 40, pl. 4, fig. 2; Manzoni, Bryoz. plioc. Ital., p. 8, pl. 2, fig. 4.

Hab. Plateau sous-marin de Rochebonne, sur les *Dendrophyllia;* île de Ré (Charente-Inférieure); golfe de Gascogne (de Folin),

Obs. A l'état adulte, nos exemplaires se rapportent aux figures citées ci-dessus; à l'état jeune ou imparfait, ils ressemblent aux figures données par Busk (Cat. Brit. mar. Polyzoa, p. 79, pl. 86, fig. 2-3.

26. **Escharipora punctata** Hassall, Ann. and mag., of nat. hist., t. VII, p. 368, pl. 9, fig. 7 (*Lepralia*). — Johnston, Brit. zooph., ed. 2, p. 312, pl. 55, fig. 1. — Busk, Cat. Brit. mar. Polyzoa, p. 79, pl, 96, fig. 3. — Busk, Crag Polyzoa, p. 40, pl. 4, fig. 1. — Smitt, Kritisk Förteckn., etc., p. 4, pl. 24, fig. 4-7 (*Escharipora*).

Hab. Bassin d'Arcachon. Sur les Huîtres. R.

PORINA D'ORBIGNY.

27. **Porina ciliata** PALLAS, Elench., p. 38 (*Eschara*)? — Johnston, Brit. zooph., ed. 2, p. 279, pl. 34, fig. 6 (*Lepralia*). — Busk, Cat. Brit. mar. Polyzoa, p. 73, pl. 74 et 77.— Busk, Crag Polyzoa, p. 42, pl. 7, fig. 6. — Smitt, Kritisk Förteckn, etc., p. 6, pl. 24, fig. 13-17 (*Porina*).

HAB. Noirmoutiers (Vendée). Ile de Ré, île d'Oleron, La Rochelle, Royan (Charente-Inférieure), Soulac, Arcachon (Gironde); Biarritz, Saint-Jean-de-Luz (Basses-Pyrénées), etc. C.

OBS. Ce Bryozaire se trouve sur presque toutes les coquilles mortes prises à une certaine profondeur; il est aussi abondant sur nos côtes que l'*Escharella linearis*.

28. **Porina biforis** JOHNSTON, Brit. zooph., ed. II, p. 314 (*Lepralia*). — *Lepralia Malusi* Busk, Cat. Brit. mar. Polyzoa, p. 83, pl. 8, fig. 3. — *An Cellepora Malusi* Audouin, Explic. des pl. de Savigny, Egypte, pl. 8, fig. 8 ?

Reptoporina hexagona d'Orbigny, Paléont. fr., terr. crét., p. 444.

HAB. Sur des coquilles prises au large, près de l'île de Ré (Charente-Inférieure), sur les *Dendrophyllia* du plateau sous-marin de Rochebonne.

OBS. Nous acceptons pour le Bryozoaire de nos mers le nom proposé par Johnston; celui d'Audouin est antérieur, mais il nous reste quelque doute au sujet de son appropriation au *L. biforis*. Quant à l'identification du *Reptoporina hexagona* d'Orbigny, elle a été faite d'après l'examen du type de d'Orbigny.

29. **Porina granifera** JOHNSTON, Brit. zooph., ed. 2, p. 309, pl. 54, fig. 7 (*Lepralia*). — Busk, Cat. Brit. mar. Polyzoa, p. 83, pl. 77, fig. 2; pl. 95, fig. 6-7.

HAB. Biarritz (Basses-Pyrénées), sur des Moules et des Fucoïdes.— Arcachon (Gironde), sur des Huîtres.

OBS. Nos exemplaires sont uniformément ponctués sur toute la surface des cellules; sur les figures 6-7 de la planche 95 de M. Busk, la ponctuation ne s'aperçoit qu'à la périphérie. Les formes irrégulières représentées pl. 77, fig. 2, par Busk, se retrouvent chez les *Lepralia* des Fucus de Biarritz.

30. **Porina violacea** JOHNSTON, Brit. zooph., ed. 2, p. 325, pl. 57, fig. 9 (*Lepralia*). — Busk, Cat. Brit. mar. Polyzoa, p. 69, pl. 87, fig. 1-2. — Busk. Crag Polyzoa, p. 43, pl. 4, fig. 3.

β. *Lepralia plagiopora* Busk, Crag Polyzoa, p. 44, pl. 4, fig. 5.

HAB. La Rochelle île de Ré (Charente-Inférieure), sur les Anomies.

OBS. Le type et la variété β sont assez rares sur nos côtes. Cette dernière diffère légèrement par la direction de l'*avicularium*. Nous avons retrouvé le type à Étretat (Seine-Inférieure).

ESCHARELLA D'ORBIGNY.

31. **Escharella linearis** HASSALL, Ann. and Mag. of nat. hist. t. VII, p. 368, pl. 9, fig. 8 (*Lepralia*). — Johnston, Brit. zooph., ed. 2, p. 308, pl. 54, fig. 11. — Busk, Cat. Brit. mar. Polyzoa, p. 71, pl. 89. — Smitt, Kritisk Förteckn., etc., p. 13, pl. 24, fig. 68-73; pl. 25, fig. 74-77. (*Escharella*).

Semiporina pulchella d'Orbigny, Paléont. franç., terr. crét, p. 440.

Semiescharellina oblonga d'Orbigny, Paléont. française, terr. crét. p. 450.

HAB. Toutes nos côtes. CC.

OBS. Les colonies forment de larges plaques orbiculaires, blanches, brillantes, étalées à la surface des coquilles. Elles abondent sur les valves d'Huîtres de notre littoral et de celui de la Manche.

Le *Semiporina pulchella* d'Orbigny est constitué par une colonie d'individus jeunes.

32. **Escharella reticulata** MACGILLIVRAY, Ann. and Mag. of nat. hist., t. IX, p. 467 (*Lepralia*). — Johnston, Brit. Zooph., ed. 2, p. 317, pl. 55, fig. 10. — Busk, Cat. Brit. mar. Polyzoa, p. 66, pl. 90, 93 et 102.

Escharella Legentili Smitt, Kritisk Förteckn., etc., p. 10, pl. 24, fig. 47-52 (*Flustra Legentilii* Audouin *in* Savigny).

Reptoporina rugosa d'Orbigny, Paléont. franç., terr. crét., p. 443.

HAB. Ile de Ré (Charente-Inférieure), sur les Anomies.

HIPPOTHOA LAMOUROUX.

33. **Hippothoa divaricata** LAMOUROUX, *sec.* Busk, Cat. Brit. mar. Polyzoa, p. 30, pl. 18.

Mollia hyalina var. Smitt, Kritisk Förteckn., etc., p. 17.

HAB. Toutes les côtes du Sud-Ouest, sur les coquilles draguées au large : *Mactra subtruncata*, *Diplodonta rotundata*, *Ostrea*, etc.

OBS. Il est difficile de reconnaître le véritable *Hippothoa divaricata* de Lamouroux ; nous réservons provisoirement ce nom à l'espèce figurée par Busk, et remarquable par ses côtes transversales et sa carène longitudinale médiane. M. Smitt pense que cette espèce est simplement une forme de *Mollia hyalina* due à un degré particulier de calcification des cellules

34. **Hippothoa longicauda** FISCHER.
Hippothoa patagonica Busk, Crag Polyzoa, p. 24, pl. 1, fig. 5. — *An H. patagonica* Busk, Cat. mar. Polyzoa?
Mollia hyalina var. Smitt, Bryoz. mar. boreal. et arct., p. 455. — Smitt, Kritisk Förteckn., p. 17, pl. 25, fig. 86-87.

HAB. Ile de Ré, La Rochelle (Charente-Inférieure), sur les carapaces de Langoustes; tout le golfe de Gascogne, sur les petites coquilles, les tubes de *Ditrupa*, etc.

OBS. D'après M. Smitt, cette espèce ne serait que la forme *divaricata* du *Lepralia hyalina* Linné, qui comprendrait sous le même nom les *Hippothoa borealis* d'Orbigny et *H. patagonica* Busk. L'*Hippothoa borealis* diffère de notre espèce par ses cellules courtes, très-peu distantes, renflées, presque semi-sphériques; leur largeur est au moins double. L'*Hippothoa longicauda* est très-allongé, grêle, fusiforme.

Nous avons changé le nom proposé par M. Busk, parce que l'identification des exemplaires du crag et de la Patagonie nous semble très-douteuse.

MOLLIA LAMOUROUX.

35. **Mollia hyalina** LINNÉ, Syst. nat., p. 1,286 (*Cellepora*). — Johnston, Brit. zooph., ed. 2, p. 301, pl. 54, fig. 1 (*Lepralia*). — Busk, Cat. Brit. mar. Polyzoa, p. 84, pl. 82, — Busk, Crag Polyzoa, p. 52, pl. 5, fig. 1.—Smitt, Kritisk Förteckn., p. 16, pl. 25, fig. 84-87 (*Mollia*).

HAB. Bassin d'Arcachon (Gironde), sur le *Pecten maximus*. — Saint-Jean-de-Luz (Basses-Pyrénées). — La Rochelle (Charente-Inférieure), sur les algues.

Obs. Les exemplaires pris dans le bassin d'Arcachon sont minces et transparents ; ceux de Saint-Jean-de-Luz sont opaques, d'un blanc mat et solides.

36. **Mollia tenuis** Hassall, Ann. and Mag. of nat. hist., t. VII, p. 412 (*Lepralia*). — Johnston, Brit. zooph., ed. 2, p. 303, pl. 54, fig. 2.

Lepralia Brongniarti Busk, Cat. Brit. mar. Polyzoa, p. 65, pl. 81. — Busk, Crag Polyzoa, p. 46, pl. 6, fig. 1. — *An Flustra Brongniarti* Audouin, Explic. des pl. de Savigny, Egypte, p. 68, pl. 10, fig. 6?

Repteschariuella rhomboidalis d'Orbigny, Paléont. fr., terr, crét., p. 429.

Hab. Toutes nos côtes, sur les coquilles privées de leurs mollusques. C.

Obs. Petite espèce, très-abondante sur nos rivages et présentant deux variétés : tantôt le test est mince et vitreux; tantôt il est blanc, terne, opaque. Les exemplaires opaques proviennent des Basses-Pyrénées; à Arcachon, La Rochelle, les cellules sont transparentes.

Nous adoptons le nom proposé par Hassall, n'étant pas certain de l'identité du *Lepralia Brongniarti* Audouin et du Bryozoaire de nos mers qu'on lui rapporte.

37. **Mollia spinifera** Johnston, Brit. zooph., ed. 1, p. 324, pl. 57, fig. 6 (*Lepralia*). — Busk, Cat. Brit. mar. Polyzoa, p. 69, pl. 76, 80, 81, 91.

Mollia vulgaris Moll, *sec.* Smitt, Kritisk Förteckn., etc., p. 14, pl. 25, fig. 78-83 (*pro parte*).

Hab. Bassin d'Arcachon, sur les Huîtres et les Peignes. — Côtes de la Charente-Inférieure.

38. **Mollia unicornis** Johnston, Brit. zooph., ed. 1, p. 278, pl. 34, fig. 1-3 (*Lepralia*). — Busk, Crag Polyzoa, p. 45, pl. 5, fig. 4.

Lepralia spinifera (*var.*) Busk, Cat. Brit. mar. Polyzoa, p. 321, pl. 57, fig. 1.

Hab. Bassin d'Arcachon, sur les valves d'Huîtres. — Saint-Jean-de-Luz (Basses-Pyrénées).

Obs. Nous avons vu, au Musée de La Rochelle, plusieurs exemplaires du *Myriozoum subgracile* (d'Orbigny, Paléont. franç., terr. crét. Bryozoaires, p. 662. — Smitt, Kritisk Förteckn., etc., p. 18), provenant de l'île de Ré, d'après d'Orbigny père, qui les a donnés. M. Beltrémieux nous les a communiqués, et leur comparaison avec le type d'A. d'Orbigny ne laisse aucun doute au point de vue de leur détermination.

Le *Myriozoum subgracile* est une espèce des mers froides, recueillie sur les côtes de Terre-Neuve, Labrador, Spitzberg, Groenland, Finmarck; jusqu'à présent, elle manque dans les mers plus tempérées de la Scandinavie et de la Grande-Bretagne; aussi, avant de l'admettre définitivement au nombre des formes indigènes du sud-ouest de la France, nous attendrons que d'autres naturalistes l'aient retrouvée dans nos parages.

LEPRALIA Johnston.

39. **Lepralia Pallasiana** Moll, Die Seerinde, p. 64, pl. 3, fig. 13 (*Eschara*). — Lamouroux, Polyp. flex., p. 19 (*Cellepora*). — Busk, Cat. Brit. mar. Polyzoa, p. 81, pl. 88, fig. 1-2 (*Lepralia*). — Smitt, Kritisk Förteckn., etc., p. 19, pl. 26, fig. 93.

Hab. Bassin d'Arcachon, sur les *Anomia*, *Ostrea*, etc., dragués dans les chenaux, de 6 à 10 brasses.

Obs. Nous avons recueilli cette belle espèce sur tout le littoral de la Manche, où elle s'étale sur les pierres, dans l'intérieur des coquilles du *Buccinum undatum* et sur les vieilles Huîtres.

ESCHARA Lamarck.

40. **Eschara foliacea** Ellis et Solander, Zooph, p. 133, n° 6 (*Millepora*). — Lamouroux, Expos. méth. Polyp., p. 40 (*Eschara*). — Busk, Cat. Brit. mar. Polyzoa, p. 89, pl. 106, fig. 4-7. — Beltrémieux, Faune de la Charente-Infér., p. 88.
Eschara retiformis d'Orbigny, Paléont. franç., terr. crét. p. 101.

Hab. Côtes de la Charente-Inférieure et de la Gironde; au large.

Obs. Nous avons vu d'énormes colonies de cette espèce provenant de la Charente-Inférieure.

41. **Eschara pavonina** d'Orbigny, Paléont. fr., terr. crét., p. 101.
Eschara saccata Busk, Ann. and Mag. nat. hist., 2e ser., t. XVIII, p. 33, pl. 1, fig. 5.

β. *Eschara elegantula* d'Orbigny, *loc. cit.*, p. 102. — Smitt, Bryoz. mar. in reg. arct. et bor. vivent., p. 456.

Hab. En dehors de la Pointe de la Baleine, île de Ré (Charente-Inférieure) R.

Obs. A. d'Orbigny cite cette espèce à l'île de Ré, d'où M. Beltrémieux nous l'a envoyée. Elle produit une colonie flabelliforme, portée sur un pédoncule assez étroit.

M. Smitt croit à l'identité de notre espèce avec l'*Eschara elegantula* d'Orbigny, dont la colonie est plus étroite, plus rameuse.

42. **Eschara verrucosa** W. Thompson, Ann. of nat. hist., t. XIII, p. 441 (*Lepralia*). — Johnston, Brit. zooph., ed. 2, p. 316, pl. 56, fig. 3. — Busk, Cat. Brit. mar. Polyzoa, p. 68, pl. 87, fig. 3-4; pl. 94, fig. 6. — Smitt, Kritisk Förteckn., etc., p. 22, pl. 26, fig. 124-135 (*Eschara*).

Hab. Ile de Ré (Charente-Inférieure), sur les carapaces de Langoustes. — Saint-Jean-de-Luz (Basses-Pyrénées) R.

Obs. Nous n'avons jamais vu cette espèce que sous la forme de *Lepralia*.

DISCOPORA Lamarck.

43. **Discopora appensa** Hassall, Ann. and Mag. of nat. hist., t. VIII, p. 367, pl. 9, fig. 3 (*Lepralia*). — Smitt, Kritisk Förteckn., etc., p. 27, pl. 18, fig. 177 (*Discopora*).

Lepralia coccinea Johnston, Brit. zooph., ed. 2, p. 322, pl. 57, fig. 2-3. — Busk, Cat. Brit. mar. Polyzoa, p. 70, pl. 88, non *Cellepora coccinea* Abilgaard.

Hab. La Rochelle, île de Ré (Charente-Inférieure). — Bassin d'Arcachon (Gironde).— Saint-Jean-de-Luz (Basses-Pyrénées).

Obs. Les colonies de ce Bryozoaire provenant de Saint-Jean-de-Luz ont une coloration rougeâtre; celles de La Rochelle et d'Arcachon sont blanchâtres.

44. **Discopora coccinea** Abilgaard, Müller, Zool. Dan., t. IV, p. 30, pl. 146, fig. 1-2 (*Cellepora*). — Smitt, Bryoz. mar. boreal. et arct., p. 457 (*Discopora*).

Lepralia Peachii Johnston, Brit. zooph., ed. 2, p. 315, pl. 54, fig. 5-6. — Busk, Cat. Brit. mar. Polyzoa, p. 77, pl. 82 et 97. — Busk, Crag Polyzoa, p. 48, pl. 5, fig. 6-8; pl 6, fig. 4.

Hab. Ile de Ré (Charente-Inférieure). — Ile de Noirmoutiers (Vendée), golfe de Gascogne, sur les Huîtres, les Anomies.

Obs. Espèce peu abondante sur le littoral du sud-ouest de la France, mais très-commune sur les plages de la Manche.

45. **Discopora ventricosa** Hassall. — Johnston, Brit. zooph., ed. 2, p. 305, pl. 54, fig. 5 (*Lepralia*). — Busk, Cat. Brit. mar. Polyzoa, part. II, pl. 91, fig. 5-6; pl. 82, fig. 5-6; pl. 83, fig. 5. — Busk, Crag Polyzoa, p. 49, pl. 6, fig. 3, 6, 8.

Discopora coccinea (pars) Smitt, Kritisk Förteckn., etc., p. 26, pl. 27, fig. 167-173.

Hab. Golfe de Gascogne, sur les coquilles draguées par 30-50 brasses (de Folin).

Obs. Nous croyons que cette forme n'est qu'une variété de l'espèce précédente. Elle est commune dans la Manche.

46. **Discopora variolosa** Johnston, Brit. zooph., ed. 2, p. 278, pl. 34, fig. 4 (*Lepralia*). — Busk, Cat. Brit. mar. Polyzoa, p. 15, pl. 74 et 75. — Busk, Crag Polyzoa, p. 48, pl. 4, fig. 4-8, et pl. 8, fig. 8.

Discopora coccinea (pars) Smitt, Kritisk Förteckn., p. 26, pl. 167-173.

Hab. Ile de Ré (Charente-Inférieure). — Bassin d'Arcachon (Gironde). — Biarritz (Basses-Pyrénées), sur le *Purpura hæmastoma*.

47. **Discopora Skenei** Solander, Zooph., p. 135 (*Millepora*). — Smitt, Kritisk Förteckn., etc., p. 29 (*Discopora*).

β. *Lepralia bicornis* Busk, Crag Polyzoa, p. 47, pl. 8, fig. 6 et 7.

Hab. Golfe de Gascogne, à des profondeurs de 50 à 60 brasses (de Folin).

Obs. Nos exemplaires présentent la forme d'*Eschara;* ils sont dressés et rameux. Les cellules se rapportent exactement à la description et aux figures du *Lepralia bicornis* Busk. Elles sont solides, opaques, granuleuses, bordées d'une série de pores qui disparaissent avec l'âge. Les pointes latérales sont plus ou moins allongées; la pointe médiane est très-développée. Les cellules paraissent tantôt bicornes, tantôt tricornes.

CELLEPORA Linné.

48. **Cellepora ramulosa** Linné, Syst. nat., ed. Gmel, p. 3,791. — Smitt, Bryoz. mar. boreal. et arct., p. 458.

α. *Reptocelleporaria tuberosa* d'Orbigny, Paléont. fr., terr. crét., p. 423.

Cellepora tubigera Busk, Crag Polyzoa, p. 60, pl. 9, fig. 8-10.

Hab. Ile de Ré (Charente-Inférieure). —Arcachon (Gironde), sur les *Peeten maximus* et *opercularis*. C.

Obs. Nos exemplaires se rapportent à la forme *tuberosa* d'Orbigny; ils forment tantôt des masses arrondies, libres, tantôt des incrustations à la surface des corps sous-marins. Le *Cellepora tubigera* de Busk, qui lui semble identique, a été trouvé sur les côtes de Normandie, par M. Jeffreys.

Quant au type, qui constitue la forme *ramulosa*, il n'existe pas, à notre connaissance, sur les rivages du Sud-Ouest.

49. **Cellepora Hassalli** Johnston, Brit. zooph., ed. 2, p. 304, pl. 54, fig. 3 (*Lepralia*). — Busk, Cat. Brit. mar. Polyzoa, p. 86, pl. 109, fig. 4-6 (*Cellepora*).— Smitt, Bryoz, mar. bor. et arct., p. 458 (*Celleporaria*). — Smitt, Kritisk Förteckn., p. 33, pl. 13, fig. 211.

Hab. Ile de Ré (Charente-Inférieure).— Saint-Jean-de-Luz (Basses-Pyrénées). — Arcachon (Gironde).

Obs. Espèce très-souvent associée à la précédente, quoique plus rare.

RETEPORA Lamarck.

50. **Retepora cellulosa** Linné, Syst. nat., ed. 10, p. 790 (*Millepora*). — Lamarck, Anim. s. vert., ed. 2, t. II, p. 276 (*Retepora*). — D'Orbigny, Paléont. fr., terr. crét., p. 364. — Busk, Cat. Brit. mar. Polyzoa, p. 93, pl. 121, fig. 3-8, pl. 123, fig. 5-6.—Smitt, Kritisk Förteckn., p. 34, pl. 38, fig. 217-221.

α. *Retepora Beaniana* King. Ann. and Mag. of nat. hist., vol. XVIII, p. 237. — Busk, Crag Polyzoa', p. 75, pl. 12, fig. 2, 5. 6, 7.

Hab. Sur les *Dendrophyllia cornigera* du plateau sous-marin de Rochebonne (Charente-Inférieure).

Obs. Nous n'avons vu encore sur nos exemplaires que la variété *Beaniana*.

CHAPITRE V.

DISTRIBUTION GÉOGRAPHIQUE.

La distribution géographique des Bryozoaires est à peine ébauchée; souvent même elle est erronée; M. Busk, à l'exemple d'Alder, a cru retrouver sur les côtes d'Angleterre un certain nombre d'espèces propres à la mer Rouge et figurées dans l'Atlas de Savigny; il indique, en outre, les mêmes espèces sous les latitudes les plus opposées. Ces faits sont en désaccord avec tout ce que nous connaissons de la distribution géographique des animaux marins et vivant comme les Bryozoaires à peu de distance des rivages. L'ubiquité n'existe pas pour eux, et chaque être est cantonné dans un espace plus ou moins vaste.

Nous devons signaler une autre tendance de M. Busk, et qui retardera la saine appréciation de la distribution stratigraphique des Bryozoaires. L'auteur anglais identifie un certain nombre d'espèces actuelles ou quaternaires avec des formes crétacées. La conséquence de ce principe est dangereuse; car, si la même espèce est répartie dans les terrains secondaires, tertiaires, ainsi que dans les mers actuelles, il serait inutile de rechercher avec soin ses stations géographiques; d'ailleurs, les lois paléontologiques si évidentes pour les animaux supérieurs n'existeraient plus alors pour les Bryozoaires. Or, nous ne croyons pas aux contradictions apparentes; nous préférons douter de la perfection de nos moyens d'investigation.

Les rares matériaux à consulter pour établir la distribution géographique de nos Bryozoaires sont : 1° le Catalogue des Bryozoaires des mers arctiques et boréales, comprenant les espèces des côtes de Scandinavie occidentale, du Finmarck, du Spitzberg et du Groenland. Cet ouvrage, rédigé par M. Smitt, indique 104 espèces (1);

2° L'énumération des *Polyzoa* des mers d'Angleterre, publiée par M. G. Busk, dans les listes de la Faune marine des invertébrés d'Angleterre dressées par le Comité de draguage de l'Association Britannique (2). On compterait en Angleterre 161 espèces;

3° Le travail de M. C. Heller, sur les Bryozoaires de l'Adriatique (3), comprenant 108 espèces.

---

(1) *Bryozoa marina in regionibus arcticis et borealibus viventia recensuit F. A. Smitt* (*Holmiæ*, 1868.)

(2) *List of the British marine invertebrate Fauna* (London, 1861);

(3) *Die Bryozoen des Adriatichen Meeres*, *von C. Heller* (Wien, 1867).

On trouvera aussi la mention des principales espèces de la Méditerranée dans les travaux de Moll, Delle Chiaje, Milne-Edwards, d'Orbigny, Busk, etc.; quelques espèces enfin ont été rapportées de Madère et des îles Canaries; mais il s'en faut qu'on ait tenté pour les Bryozoaires l'exécution d'un travail comparable à celui de M. Mac Andrew, sur les Mollusques des mers d'Europe.

En comparant avec ces documents la liste des Bryozoaires du sud-ouest de la France, on acquiert la preuve que notre Faune est identique avec celle de la Grande-Bretagne; toutes nos espèces s'y retrouvent, sauf quatre, qui sont :

Eschara pavonina.
Spathipora sertum.
Terebripora Orbignyana.
Discoporella crassiuscula.

Mais, sur ces quatre espèces, deux : les *Eschara pavonina* et *Discoporella crassiuscula*, sont des formes boréales qu'on découvrira certainement en Angleterre; deux existent sur les rivages de la Manche et seront indiquées en Angleterre lorsqu'on les aura recherchées; ce sont les *Terebripora Orbignyana* et *Spathipora sertum.*

Plusieurs de nos espèces manquent dans les mers boréales; telles sont les :

Entalophora proboscidea.
Membranipora Lacroixi.
— *hexagona.*
Mollia tenuis.
— *unicornis.*
Escharipora innominata.
Porina violacea.
— *granifera.*
Terebripora Orbignyana.
Spathipora sertum.

Ces espèces peuvent donc être considérées comme des formes tempérées méridionales.

Enfin, les espèces du sud-ouest de la France non citées dans l'Adriatique, sont encore plus nombreuses; elles représentent par conséquent les formes boréales; ce sont :

Proboscina serpens.
Discoporella crassiuscula.
Eucratea chelata.
Hippothoa longicauda.
Terebripora Orbignyana.
Spathipora sertum.
Bicellaria ciliata.
Membranipora Lacroixi.
— *hexagona.*
Membranipora spinifera.
Discopora ventricosa.
— *Skenei.*
Escharipora innominata.
— *punctata.*
Porina granifera.
Cellepora tuberosa.
— *Hassalli.*
Eschara pavonina.

Mais il faut remarquer que le *Spathipora sertum* a été trouvé dans la Méditerranée, ainsi que le *Porina granifera*, et peut-être le *Membranipora Lacroixi*. Ces réserves faites, il est incontestable que la faune du sud-ouest de la France a plus d'affinités avec la faune des régions boréales (1) qu'avec celle de la Méditerranée, et qu'elle est pour ainsi dire semblable à celle de la Grande-Bretagne.

Ce résultat ne pouvait être prévu à priori; il est en opposition avec ce que nous connaissons de la faune des Mollusques du sud-ouest de la France, où les formes méditerranéennes sont aux formes boréales dans la proportion de 2 à 1.

Néanmoins, on ne doit accepter nos conclusions que provisoirement, et dans quelques années peut-être de nouvelles découvertes pourront les modifier.

---

(1) M. Smitt m'écrit qu'il a dragué en dehors de Setuval (Portugal), et à la profondeur de 790 brasses, un Bryozoaire : *Anarthropora gracilis* Sars (*Pustulipora*), qui était considéré comme propre aux mers arctiques. « Vous voyez, dit-il, que la faune des grandes profondeurs, dans des régions presque tropicales, a une physionomie arctique. »

ÉCHINODERMES

DES COTES DE LA GIRONDE

ET DU SUD-OUEST DE LA FRANCE

Par le Dr-Paul FISCHER,

Membre correspondant de la Société Linnéenne de Bordeaux.

AVANT-PROPOS

La faune des Échinodermes des côtes sud-ouest de la France a été l'objet de quelques travaux qui nous ont fait connaître ses principaux éléments (1), mais beaucoup d'espèces restent encore à découvrir, principalement parmi les Ophiures (2).

La science est riche en ouvrages sur les Échinodermes; j'ai eu recours, pour chaque ordre, aux publications les plus récentes (3).

---

(1) Ch. Des Moulins, *Catalogue descriptif des Stellérides vivantes et fossiles de la Gironde* (Actes de la Société Linnéenne de Bordeaux, t. V, p. 183-206; t VI, p. 260. — 1832). — Des Moulins, *Études sur les Échinides* (1835-37), — Beltrémieux, *Faune de la Charente-Inférieure* (Ann. de l'Acad. de La Rochelle, 1864. — 1er Supplément, *ibid.* 1868). — Cailliaud, *Catalogue des Radiaires, des Annélides, des Cirrhipèdes et des Mollusques marins, terrestres et fluviatiles recueillis dans le département de la Loire-Inférieure* (1865). — Collard des Cherres, *Catalogue des Testacés marins du département du Finistère, principalement des côtes de Brest* (Actes de la Soc. Linn. de Bordeaux, t. IV, 1830). — Piet, *Recherches sur l'île de Noirmoutiers*, 2e édition (1863).

(2) L'ouvrage de Forbes (*A History of British starfishes and other animals of the class Echinodermata.* London, 1841), donne une idée de la riche faune des Échinodermes des mers d'Angleterre; depuis 1841, cette faune a été augmentée, comme le prouve la liste des Radiaires Échinodermes publiée par le Dredging Committee of the British Association (1861).

(3) Agassiz et Desor, *Catalogue raisonné des Échinodermes* (1847). — Dujardin et Hupé, *Histoire naturelle des Zoophytes Échinodermes* (1862). — Müller et Troschel, *System der Asteriden* (1842). — Lyman *Illustrated Catalogue of the Museum of comparative Zoology, at Harvard College*, no 1, *Ophiuridæ and Astrophytidæ* (1865). — *Ophiuridea viventia huc usque cognita enumerat A. Ljungman* (Ofversigt af Kongl. Vetenskaps-Akademiens Förhandlingar, 1866). — *On the genus Synapta, by S. P. Woodward and Lucas Barrett* (Proceed. Zool. Soc. London, p. 360 et suiv., 1858).

Les matériaux de cette faune ont été recueillis par plusieurs naturalistes, parmi lesquels je citerai MM. Ch. Des Moulins et Lafont pour la Gironde, Darracq pour les Basses-Pyrénées, Beltrémieux pour la Charente-Inférieure. J'ai visité les Musées de Paris, La Rochelle, Bordeaux, Arcachon et Bayonne, ainsi que la riche collection d'Échinodermes réunie par M. Ch. Des Moulins. Enfin, dans mes nombreuses courses sur le littoral du sud-ouest de la France, j'ai pu recueillir et étudier la plupart des espèces citées dans ce catalogue.

Quoique le nombre des espèces indigènes énumérées soit très-pauvre en comparaison de celui que doit atteindre notre faune réelle, j'ai cru cependant devoir publier mon travail, qui n'a d'autre but que de donner un aperçu des productions du littoral du Sud-Ouest. De nouvelles découvertes l'augmenteront bientôt, sans aucun doute.

La détermination des Échinodermes, et en particulier celle des Oursins, est très-difficile ; les ouvrages d'Agassiz et Desor sont à revoir, au point de vue des distinctions spécifiques. Nos musées manquent de documents de comparaison assez nombreux pour juger la question du rapprochement ou de la séparation des espèces voisines vivant dans la Méditerranée et dans les mers du nord de l'Europe. Pendant longtemps les mêmes formes ont été décrites de chaque côté par les naturalistes de ces régions; depuis quelques années seulement, une comparaison attentive fait reconnaître des identités absolues ou des distinctions constantes. Ce résultat est dû à l'étude de la distribution géographique des animaux de nos mers, et l'on peut dire que personne n'en a mieux compris l'importance que Forbes, dont l'esprit original a ouvert des voies nouvelles à la zoologie et à la géologie.

ORDO I.

CRINOIDÆ Miller.

(ASTERENCRINIDÆ *Blainville.*)

COMATULA Lamarck.

1. **Comatula Mediterranea** Lamarck, Hist. nat. des anim. sans vert., ed. 1, t. II, p. 535. — Dujardin et Hupé, Zooph. Echin, p. 198.

Comatula rosacea Forbes, British starf., p. 5.

Comatula brachiolata Beltrémieux, Faune de la Char.-Infér., p. 90.

Hab. La Rochelle (Charente-Inférieure). R.

Obs. Linck paraît avoir signalé cette Comatule sous le nom de *Stella decameros rosacea* (Stell., p. 55, pl. 37, fig. 66).

Les jeunes Comatules sont fixées par une tige semblable à celle des *Encrines* et ont été décrites sous le nom de *Pentacrinus Europæus*, par Thompson.

En draguant dans les grands fonds du golfe de Gascogne, on arrivera peut-être à découvrir de véritables *Encrines*. On sait que M. Sars a trouvé le *Rhizocrinus Lofotensis* sur les côtes de Norvége; la même espèce vient d'être obtenue par M. Smitt en dehors de Setuval (Portugal), par 790 brasses de profondeur. Elle paraît extrêmement voisine du *Bourgueticrinus Hotessieri* d'Orbigny, dragué dans le golfe du Mexique, par M. de Pourtalès, à des profondeurs variant entre 237 et 306 brasses, et connu déjà à l'état fossile dans les tufs madréporiqnes blancs de la Guadeloupe.

ORDO II.

OPHIURIDÆ Muller et Troschel.

(OPHIUROIDEA *d'Orbigny*. — STELLERIDÆ (pars) *Lamarck* — ASTEROPHIDÆ *Blainville*).

OPHIODERMA Muller et Troschel.

2. **Ophioderma lacertosa** Lamarck, Syst. des anim. sans vert., p. 351 (*Ophiura*). — Des Moulins, Stellér. de la Gironde, p. 188. — Beltrémieux, Faune de la Char.-Infér., p. 90.

Ophioderma longicauda Müller et Troschel, Syst. Astér., p. 86. — Dujardin et Hupé, Zooph. Echin., p. 230. — Ljungmann, Ophiur. vivent. enum., p. 304.

Ophiura lævis Lyman, Ophiur. and Astroph., p. 26.

Hab. La Rochelle (Charente-Inférieure). — Biarritz, Saint-Jean-de-Luz (Basses-Pyrénées).

Obs. Très-belle espèce qui paraît commune dans le fond du golfe de Gascogne. M. de Quatrefages l'a trouvée à Saint-Sébastien, à Gijon, aux Passages (Nord de l'Espagne).

Nos exemplaires des Basses-Pyrénées représentent deux formes distinguées par Lamarck : α *cinerea*, *unicolor*. Typus. — β *interrupta*.

L'*Ophioderma lacertosa* vit dans la Méditerranée et se retrouve aux Açores et aux Canaries.

Nous avons adopté le nom proposé par Lamarck en 1801. Les auteurs anciens ont cependant connu notre espèce, qui serait le *Stella lumbricalis longicauda* de Linck (de *Stellis marinis*, pl. b, n° 17) et le *Stella lævis* de Rondelet (de *Piscibus marinis*, p. 120).

OPHIOGLYPHA Lyman.

3. **Ophioglypha texturata** Lamarck, Hist. nat. des anim sans vert., éd. 1, t. II, p. 543 (*Ophiura*). — Des Moulins, Stellér. de la Gironde, p. 189 — Beltrémieux, Faune de la Char.-Inf., 1er suppl., p. 13. — Forbes, British starf., p. 22. — Dujardin et Hupé, Zooph. Echin., p. 248. — Ljungman, Ophiur. vivent. enum., p. 308 (*Ophioglypha*).

Ophioglypha lacertosa Lyman, Ophiur. and Astroph., p. 40.

Hab. Ile de Ré, La Rochelle (Charente-Inférieure) — Le Verdon, Soulac, Arcachon (Gironde). — Biarritz (Basses-Pyrénées).

OPHIOTHRIX Muller et Troschel.

4. **Ophiothrix fragilis** Muller, Zool. Dan., p. 28, Tab. 98 (*Asterias*). — Lamarck, Hist. nat., anim. sans vert., ed. 1, t. II, p. 546 (*Ophiura*). — Beltrémieux, Faune de la Char.-Infér., p. 90. — Dujardin et Hupé, Zooph. Echin., p. 279 (*Ophiothrix*). — Ljungmann, Ophiur. vivent. enum., p. 331.

Ophiocoma rosula Forbes, British starf., p. 60. — Lyman, Ophiur. and Astroph., p. 154 (*Ophiothrix*).

Hab. Ile de Ré, La Rochelle (Charente-Inférieure). — Arcachon (Gironde). — Biarritz (Basses-Byrénées). — Noirmoutiers (Vendée).

Obs. Cette Ophiure est tellement abondante dans les chenaux du Bassin d'Arcachon que, dans un coup de drague, on peut en obtenir une centaine. Elle se brise facilement, mais les rayons continuent à s'agiter et à se tordre, quarante-huit heures après leur séparation du disque.

Sa coloration est des plus variables ; d'après ce seul caractère, on a pu donner plusieurs noms spécifiques, tels que *Ophiura echinata*, *tricolor*, *pentagona*, *Ferussaci*, *Cuvieri*, *quinquemaculata*.

Elle paraît être le *Stella scolopendroides rosula* de Linck.

AMPHIPHOLIS Ljungman.

5. **Amphipholis neglecta** Johnston, Ann. and Mag. of nat. hist., t. VIII, p. 467, fig. 42 (*Ophiura*). — Forbes, British Starf., p. 30. (*Ophiocoma*). — Dujardin et Hupé, Zooph. Echin. (*Amphiura*).

Ophiura filiformis Des Moulins, Stellér. de la Gironde, p. 190, pl. 1, fig. 1 *a-e*.

Amphiura squamata Lyman, Ophiur. and Astroph., p. 121.

Hab. Côtes de la Charente-Inférieure. — Cordouan, Arcachon (Gironde), dans les coquilles d'Huîtres et sur les Zostères. C. — Noirmoutiers (Vendée). — Plateau sous-marin de Rochebonne.

Obs. Cette petite Ophiure, découverte par M. Des Moulins sur nos côtes, a été depuis cette époque étudiée à Arcachon par M. Lyman. Il en a recueilli un très-grand nombre d'exemplaires durant le mois de juin. Elle vit au niveau du balancement des marées. Les individus conservés vivants ont souvent rejeté de leur disque des petits vivants, colorés en jaune-orangé. Schultze et Quatrefages avaient déjà signalé la viviparité chez d'autres Ophiures.

La distribution géographique de l'*Amphipholis neglecta* est très-étendue. On l'a signalé dans la Méditerranée, sur toutes les côtes de l'ouest et du nord de l'Europe, sur la côte ouest de l'Afrique, jusqu'au cap de Bonne-Espérance; enfin, sur les rivages atlantiques de l'Amérique du Nord.

M. Lyman l'identifie avec l'*Asterias squamata* de Delle Chiaje, et M. Ljungman avec l'*A. elegans* de Leach (Zool. Miscell. III, p. 57). — Notre espèce est différente de l'*Asterias filiformis* Müller, avec lequel M. Des Moulins l'avait confondue.

OPHIOCNIDA Lyman.

6. **Ophiocnida brachiata** Montagu, Linn. Trans., t. VII, p. 84 (*Asterias*). — Forbes, British Starf., p. 45 (*Ophiocoma*). — Dujardin et Hupé, Zooph. Echin., p. 242 (*Ophiolepis*). — Lyman, Ophiur. and Astroph., p. 12 (*Ophiocnida*). — Ljungman, Ophiur. vivent. enum., p. 317.

Amphiura Neapolitana Sars, Nyt. Magaz. for Naturvid. X, p. 35. 1857.

Hab. Dans les bancs de sable, qui ne découvrent qu'aux plus basses marées, à l'embouchure du bassin d'Arcachon (Lafont).

Obs. J'ai recueilli, vivante, cette belle Ophiure, en compagnie de M. Lafont. Elle s'enfonce à une assez grande profondeur dans le sable, et ses longs bras s'y meuvent sans se briser, malgré leur extrême fragilité.

ORDO III.

ASTERIDÆ Blainville

(ASTEROIDEA *d'Orbigny*. — STELLERIDÆ (pars) *Lamarck*. — ASTERIADÆ *Müller* et *Troschel*.)

LUIDIA Forbes.

7. **Luidia ciliaris** Philippi, Wiegm. Arch., t. III, p. 193 (*Asterias*). — Dujardin et Hupé, Zooph. Echinod., p. 433 (*Luidia*).
Luidia fragilissima Forbes, British Starf., p. 35.

Hab. Pêché au chalut, en dehors du Bassin d'Arcachon.

Obs. Nous avons vu, au Musée d'Arcachon, plusieurs individus de cette belle Astérie. L'un d'eux mesurait 37 centimètres de diamètre.

D'après la comparaison de ces exemplaires avec ceux du *Luidia ciliaris* Philippi, de Sicile, conservés dans les collections du Muséum de Paris, nous pouvons affirmer leur identité. Nous avons vu, dans la collection de M. Ch. Des Moulins un fragment de la même Astérie provenant du Sénégal et recueillie par Rang. L'espèce se propage donc, en suivant les côtes, au nord et au sud de la Méditerranée.

Le *Luidia fragilissima* de Forbes, décrit d'après les exemplaires des mers d'Angleterre, semble différer un peu de notre type par ses rayons plus étroits et constituer peut-être une légère variété.

ASTROPECTEN Linck.

8. **Astropecten aranciacus** Muller, Zool. Dan., pl. 83 (*Asterias*). — Johnston, Ann. and Mag. nat. hist, t. IX, p. 299. — Forbes, British Starf., p. 130. — Des Moulins, Stellér. de la Gironde, p. 193. — Beltrémieux, Faune de la Char.-Infér., p. 90.
Astropecten irregularis Dujardin et Hupé, Zooph. Echin. p. 414.

Hab. Cordouan, Vieux-Soulac, Bassin d'Arcachon (Gironde). — Côtes de la Charente-Inférieure.

Obs. Espèce assez commune dans le Bassin d'Arcachon, mais moins toutefois que l'*Asteracanthion rubens*.

L'animal se meut avec rapidité. Il s'ampute spontanément comme les autres Astéries. Nous en avons vu quelques exemplaires à quatre rayons.

On nous a montré deux exemplaires d'une espèce voisine qui proviendrait, dit-on, de nos côtes ; c'est le :

Astropecten crenaster Dujardin, Zooph. Echin., p. 414 (*A. echinatus major* Linck, de *Stellis marinis*, p. 27, pl. 3, n° 6. — Encyclop. méth., pl. 110, fig. 2-3. — *Asterias aranciaca*, Lamarck, Anim. sans vert., éd. 2, t. III, p. 251). — Cette belle Astérie, la plus grande des mers d'Europe, est commune dans la Méditerranée; d'Orbigny la cite aux îles Canaries. Nous nous bornons à la signaler ici sans l'inscrire définitivement au nombre des formes indigènes.

ASTERACANTHION Muller et Troschel.

9. **Asteracanthion glacialis** O. F. Muller. Prodr. zool. Dan., p. 234 (*Asterias*). — Forbes, British Starf., p. 78 (*Uraster*). — Dujardin et Hupé, Zooph. Echin., p. 330 (*Asteracanthion*). — Beltrémieux, Faune de la Charente-Inférieure, p. 90 (*Asterias*).

Asterias angulosa O. F. Müller, Zool. Dan., t. II, p. 1, pl. 41 (*optimè*).

Asterias echinophora Delle Chiaje, Anim. senza vert. del Regno di Napoli, t. II, pl. 18, fig. 5.

Hab. Sur les bancs de l'embouchure du bassin d'Arcachon; Pointe du Sud (Gironde). — Charente-Inférieure. — Biarritz (Basses-Pyrénées).

Obs. Très-belle espèce dont nous avons vu plusieurs exemplaires vivants. Elle se conserve difficilement dans les bassins d'eau de mer et détache ses bras après quelques heures de captivité. Les bras vivent isolés pendant plusieurs jours.

L'*Asterias glacialis* atteint une très-grande taille. La seule figure qui le représente bien est celle de l'*Asterias angulosa* de Müller. La coloration est variable; on trouve des individus roses, d'un bleu-grisâtre, ou presque blancs.

La même espèce se retrouve dans la Méditerranée sur les côtes de Sicile, d'Algérie; elle pénètre dans l'Adriatique.

10. **Asteracanthion rubens** Linné, Syst. nat., ed. 12, p. 1099 (*Asterias*). — Forbes, British Starf., p. 83 (*Uraster*). — Des Moulins, Stellér. de la Gironde, p. 191 (*Asterias*). — Beltrémieux, Faune de la Charente-Inférieure, p. 90. — Dujardin et Hupé, Zooph. Échin., p. 331 (*Asteracanthion*).

Hab. Toutes les côtes du sud-ouest de la France. — Très-commun dans le bassin d'Arcachon, sur les plages vaseuses.

Obs. Les principales variétés remarquées sur nos côtes ont été signalées par M. Des Moulins qui a décrit, sous le nom d'*Asterias minutissima* (Stellér. de la Gironde, p. 194), un jeune individu de l'*Asteracanthion rubens*; l'auteur lui-même a reconnu plus tard cette erreur. (Rectif. Act. de la Soc. Linn. de Bordeaux, t. VI, p. 260).

Parmi les anomalies de cette espèce, nous avons remarqué les suivantes, qui sont conservées au Musée de La Rochelle :

a Individu à 7 rayons.

b Individu à 6 rayons, dont 2 rayons proviennent de la division d'un seul.

c Individu à 4 rayons.

L'animal est très-vorace; il se nourrit principalement de Mollusques acéphalés. En peu de jours, une centaine de *Donax anatinum* vivants ont été mangés par cinq ou six Astéries. Celles-ci entourent la coquille du *Donax* de telle sorte que son bord extérieur corresponde à leur bouche; la partie centrale du corps de l'Astérie se moule en quelque sorte sur le *Donax*, et présente une saillie extérieure, arrondie, qui permet de reconnaître que l'animal prend son repas. La plupart des ambulacres fixent solidement les rayons de l'Astérie au sol, tandis que ceux de la base des rayons sont appliqués solidement sur les valves de la coquille, les écartent et les tiennent baillantes. La membrane interne de l'estomac est boursoufflée; elle s'insinue entre les valves et se place en contact avec les viscères du *Donax*, qui sont rapidement digérés. Presque toujours l'épiderme de l'extrémité postérieure de la coquille est enlevé.

Le procédé employé par les Astéries pour ouvrir les Mollusques, nous semble identique avec celui que les Poulpes mettent en œuvre pour arriver au même but.

11. **Asteracanthion violaceus** Gmelin *in* Linné, Syst. nat., ed. 13, p. 3163 (*Asterias*). — Forbes, British Starf., p. 91 (*Uraster*). — Dujardin et Hupé, Zooph. Echin., p. 332 (*Asteracanthion*).

Asterias rubens violacea O.-F. Müller, Zool. Dan., pl. 66.

Hab. Avec l'espèce précédente, dont elle n'est peut-être qu'une variété, ainsi que le supposent Müller et Troschel; néanmoins, sa coloration est constante, ses tubercules sont plus petits, ses bras plus étroits, sa consistance moins charnue, etc.

Obs. On trouvera probablement sur nos côtes les Échinodermes suivants :

1° *Asteracanthion tenuispinus* Lamarck, Anim. sans vert., éd. 2, t. III, p. 250 (*Asterias*). — *Asterias Savaresii* Delle Chiaje, Anim. senza vert., etc., pl. 18, fig. 6. — *Habite* : Le nord de l'Espagne ; baie des Passages (de Quatrefages). — Commun dans la Méditerranée.

2° *Solaster papposus* Gmelin *in* Linné, Syst. nat., ed. 13, p. 3160 (*Asterias*). — Lamarck, ed. 2, t. III, p. 246. — *Habite* : Toutes les côtes de Normandie, d'où nous l'avons rapportée ; les côtes de Bretagne (Collard des Cherres).

CRIBRELLA Agassiz.

12. **Cribrella seposita** Gmelin *in* Linné, ed. 13, p. 3262 (*Asterias*). — Lamarck, Hist. nat. Anim. sans vert., ed. 2, t. III, p. 251. — Müller et Troschel, Syst. der Aster., p. 23 (*Echinaster*). — Dujardin et Hupé, Zooph. Echin., p. 351 (*Cribrella*).

Hab. Biarritz (Basses-Pyrénées).

Obs. Espèce Méditerranéenne qui s'avance jusque dans le golfe de Gascogne. Nous l'avons eue vivante.

Une autre espèce du même genre se rencontre sur le littoral de la Manche, c'est le :

Cribrella oculata Pennant, Brit. Zool., t. IV, p. 61, tab. 30, fig. 56 (*Asterias*). — Forbes, British Starf., p. 100 (*Cribrella*). — *Hab*. Cancale (Ile-et-Vilaine).

ASTERISCUS Muller et Troschel.

13. **Asteriscus gibbosus** Pennant, British Zool. t. IV, p. 62, n° 59 (*Asterias*). — Forbes, British Starf., p. 119 (*Asterina*), *Asteriscus verruculatus* Dujardin et Hupé, Zooph. Echinod., p. 375. — Müller et Troschel, Syst. der Aster., p. 41.

Asterias exigua Beltrémieux, Faune de la Char.-Infér., p. 90.

Hab. La Rochelle (Charente-Infér.). — Bassin d'Arcachon (Gironde).

Obs. Le Muséum d'histoire naturelle de Paris renferme des échantillons de cette espèce, provenant de Saint-Malo (Ile-et-Vilaine), du nord de l'Espagne, des côtes d'Algérie, etc.

PALMIPES Agassiz.

14. **Palmipes membranaceus** Gmelin *in* Linné, Syst. nat., ed. 13, p. 3164 (*Asterias*). — Lamarck, Hist. nat. des anim. s. vert., ed. 1, t. II, p. 558. — Beltrémieux, Faune de la Charente-Inférieure, p. 90. — Forbes, British Starf., p. 116 (*Palmipes*). — Dujardin et Hupé, Zooph. Echin., p. 373.

Hab. La Rochelle (Charente-Inférieure).

Obs. Nous avons vu un très-beau spécimen de cette espèce trouvé près de La Rochelle. — On l'a aussi recueillie à Saint-Vaast-la-Hougue (Manche).

ORDO IV.

ÉCHINIDÆ Lamarck.

(ÉCHINOIDEA *d'Orbigny.*)

ECHINUS Linné.

15. **Echinus Flemingi** Forbes, British Starf., p. 164. — Agassiz et Desor, Cat. rais., p. 63. — Dujardin et Hupé, Zooph. Echin., p. 525. — Lafont, Note pour servir à la faune de la Gironde p. 13.

Hab. Côtes de la Charente-Inférieure et de la Gironde. — Pris au large, en dehors du Bassin d'Arcachon (Lafont).

Obs. 1. Cette belle espèce a été découverte par Ball, sur les côtes du sud-ouest de l'Irlande. Elle se retrouve dans la Méditerranée, sur les côtes d'Algérie, aux Açores, etc. Les pêcheurs de La Rochelle et d'Arcachon la rapportent assez souvent du large.

Nos exemplaires ont le test rougeâtre et les épines courtes, teintes de rouge à la base. Ils constituent la variété méridionale de l'espèce. Sur les côtes de Norwége, l'*Echinus Flemingi* a le test plus pâle, les épines plus longues, blanchâtres ou verdâtres, unicolores.

M. Cailliaud indique, sur les côtes de la Loire-Inférieure, l'*Echinus acutus* Lamarck. Le type de Lamarck n'est qu'une forme accidentelle de l'*Echinus Flemingi*.

Obs. 2. L'*Echinus melo* appartient-il à notre faune? MM. Cailliaud et Beltrémieux le mentionnent dans leurs listes, et j'ai vu, à La Rochelle, un exemplaire de cette espèce, conservé dans le Musée Fleuriau. Néanmoins, on peut attendre encore avant de l'inscrire définitivement dans ce Catalogue. Les épines sont courtes et d'un vert pâle uniforme; le test est plus arrondi que celui de l'*Echinus Flemingi*, dont la forme est presque toujours conique. Quelques auteurs réunissent les deux espèces, mais leurs caractères distinctifs me semblent constants.

16. **Echinus sphæra** Muller, Zool. Dan., Prodr. 2845 (*Echinus*). — Forbes, British Starf., p. 149.

Echinus esculentus Agassiz, Cat. rais., p. 370. — Dujardin et Hupé, Zooph. Echin., p. 529 (*Sphærechinus*).

Echinus globiformis Lamarck, Hist. nat. des anim. sans vert., ed. 1, t. III, p. 44. — Des Moulins, Echin., p. 270. — Beltrémieux, Faune de la Charente-Infér., Suppl. p. 14.

β. *Echinus quinque angulosus* Blainville, Zooph., p. 208. — Des Moulins, Echin., p 270. — Beltrémieux, Faune de la Charente-Inférieure, Suppl., p. 14.

Hab La Rochelle (Charente-Inférieure), Cap Breton (Landes).

Obs. D'après Agassiz, cet Oursin serait le véritable *Echinus esculentus* de Linné (Mus. Lud. Ulr., p. 705. — Syst. nat., p. 3168).

Il n'est pas rare sur les côtes de la Bretagne (Loire-Inférieure, Morbihan, Finistère) et de la Manche (Boulogne).

La variété β, plus déprimée et subanguleuse, a été recueillie à La Rochelle (Musée Fleuriau). — M. Des Moulins en possède un exemplaire provenant de Boulogne (Pas-de-Calais). Elle diffère du type par ses tubercules plus petits, sa bouche plus enfoncée, sa base moins plate, sa taille moindre, sa bouche proportionnellement plus grande, son appareil masticatoire plus robuste (Des Moulins).

L'*Echinus pseudo-melo* Blainville (Des Moulins, Echin., p. 270), catalogué par M. Beltrémieux (Faune de la Charente-Inférieure, suppl., p. 13) est simplement un synonyme d'*Echinus sphæra*.

SPHÆRECHINUS Desor.

17. **Sphærechinus granularis** Lamarck, Hist. nat. des anim. s. vert., ed. 1, t. III, p. 44 (*Echinus*). — Agassiz et Desor, Cat. rais., p. 63. — Dujardin et Hupé, Zooph. Echin., p. 531 (*Toxopneustes*).

Echinus æquituberculatus Blainv. — Des Moulins, Echin., p. 280.

HAB. Toutes les côtes du sud-ouest de la France. C.

OBS. 1. L'examen des types de Lamarck ne laisse aucun doute au sujet de cette espèce provenant, d'après le naturaliste français, des côtes occidentales de France.

Elle ne semble pas dépasser la Manche au N., quoiqu'elle se rencontre assez fréquemment en Bretagne; sa coloration est presque toujours violette, la pointe des radioles est blanchâtre. On la retrouve sur les côtes N. de l'Espagne.

L'animal ne pratique pas d'excavation ; il vit sur les bancs de sable, à la limite du balancement des marées, légèrement enfoncé dans le sol et recouvert de corps étrangers (fragments de coquilles, algues, feuilles de Zostères), qui adhèrent aux ambulacres ou qui sont engagés dans les radioles. L'adhérence des ambulacres est assez forte pour permettre à l'Oursin de monter le long des glaces d'un aquarium et de s'y tenir suspendu.

OBS. 2. M. Ch. Des Moulins pense maintenant que l'*Echinus brevispinosus* Risso est une simple variété du *Sphærechinus granularis* Lamarck ; cette opinion est partagée par M. Alex. Agassiz. Il faut donc attribuer à l'espèce de Lamarck, comme synonymes, les *Echinus æquituberculatus* et *brevispinosus*.

TOXOPNEUSTES AGASSIZ.

18. **Toxopneustes lividus** LAMARCK, Hist. nat. des anim. s. vert., éd. 1, t. III, p. 50 (*Echinus*). — Des Moulins, Echin, p. 282. — Forbes, British Starf., p. 167. — Beltrémieux, Faune de la Char.-Infér, p. 91. — Dujardin et Hupé, Zooph. Echin., p. 532 (*Toxopneustes*).

HAB. Toutes les côtes du sud-ouest de la France. CC.

OBS. L'animal vit tantôt dans le sable, comme à Arcachon, et sur les côtes de la Gironde et des Landes, tantôt dans les rochers comme à Biarritz, Guétary, etc.

Personne ne met plus en doute aujourd'hui la réalité de la perforation des roches par le *Toxopneustes lividus*. Les observations nombreuses de M. Cailliaud ont contribué, en France, à faire pénétrer la conviction dans les esprits. MM. Robert et Lory ont décrit les excavations des côtes de Bretagne; celles des Basses-Pyrénées ont été vues par MM. Boubée (1), Sœmann, Cazenavette (2), Cuigneau (3); je les ai moi-même étudiées avec détails (4); mais on ignore généralement qu'elles sont décrites depuis 1810 par Thore (5) :

« Là se voit particulièrement le Turban vulgaire qui tapisse le fond des petits bassins dont nous venons de parler, et se loge dans les cavités, où il est comme moulé quelle que soit sa grosseur, ce qui nous fait croire qu'il est lui-même l'artisan de sa demeure, au fond de laquelle il adhère ou plutôt se cramponne assez fortement pour ne pouvoir en être arraché qu'avec peine. »

Les habitudes perforantes de notre espèce ont été mentionnées pour la première fois à l'étranger, en 1825, par Bennett, qui avait étudié le phénomène sur les côtes d'Irlande. Lamarck possédait, dès 1811, une roche percée par un Oursin et la montrait dans son cours; mais il ne fait aucune allusion à ce détail dans sa description de l'*Echinus lividus*.

Les habitants de Biarritz connaissent très-bien le mode de station des *Toxopneustes lividus* et les piquent dans leurs trous avec une tige de fer, afin de les employer à leur alimentation.

PSAMMECHINUS Agassiz.

19. **Psammechinus miliaris** Gmelin *in* Linné, Syst. nat., ed. 13, p. 3169 (*Echinus*). — Des Moulins, Echin., p. 272. — Forbes, British Starf., p. 161. — Beltrémieux, Faune de la Char.-Inf., p. 92. — Dujardin et Hupé, Zooph. Echin., p. 526 (*Psammechinus*).

Hab. Toutes les côtes du sud-ouest de la France, depuis l'embouchure de la Loire jusqu'au bassin d'Arcachon.

Obs. 1. Le *Psammechinus miliaris* est l'espèce prédominante dans la Manche; mais sur les côtes de l'Océan, elle est peu à peu remplacée par le *Toxopneustes lividus*, et elle semble disparaître sur les rivages de la Charente-Inférieure. M. Cailliaud l'a vue logée dans des excavations

(1) *Bull. de la Soc. géol. de France* (séances de 1855).

(2) Cailliaud, *Comptes-Rendus de l'Institut*, t. 45 (1857).

(3) *Actes de la Soc. Linn. de Bordeaux*, t. XXI, p. 498 (1858).

(4) *Annales des Sciences Naturelles*, p. 321-332 (juillet 1864).

(5) *Promenades sur les côtes du golfe de Gascogne*, p. 302 (1810).

semblables à celles que forme le *T. lividus*. Nous ne l'avons rencontrée que dans le sable.

Le *Cidaris miliaris saxatilis* de Leske *in* Klein, p. 82, pl. 2 et pl. 38, se rapporte à notre espèce.

Obs. 2. On a signalé, à La Rochelle, l'*Echinocidaris loculata* Des Moulins (Echin., p. 306. — Dujardin et Hupé, Zooph. Echin., p. 521). —Voici ce que m'a écrit à ce sujet M. Ch Des Moulins : « Il y a plusieurs années, j'en ai reçu un individu, le seul que je possède, de mon ami Rang. Il le tenait de d'Orbigny père, qui l'avait trouvé aux environs de La Rochelle, et qui le connaissait aussi dans la Manche. » M. Cotteau a dans sa collection un autre exemplaire provenant aussi d'un envoi de d'Orbigny père; il pense comme moi que cette espèce est exotique (1). Cependant, Agassiz et Desor l'indiquent dans la Manche (Cat. rais., p. 49). — Les singulières épines des *Echinocidaris* sont décrites et figurées avec beaucoup de soin dans la note récemment publiée par M. Des Moulins : *Sur les Épines des Echinocidarites* (Act. de la Soc. Linn. de Bordeaux, t. XXVII, p. 162, pl. 10-11).

SPATANGUS Klein.

20. **Spatangus purpureus** Muller, Zool. Dan., Prodr., p. 236, n° 2850, pl. 6. — Forbes, British Starf., p. 182. — Des Moulins, Echin., p. 388. — Beltrémieux, Faune de la Char.-Infér., p. 91. — Dujardin et Hupé, Zooph. Echin., p. 607.

Hab. En dehors du Bassin d'Arcachon et à son embouchure. — Côtes de la Charente-Inférieure.

Obs. M. Lafont a trouvé sur les Spatangues de nos côtes le mollusque acephalé qui vit attaché à leurs épines, l'*Erycina substriata* Montagu.

Le *Spatangus purpureus* vit dans la Manche, à Boulogne, Cherbourg ; il est assez répandu sur les rivages de Bretagne.

---

(1) M. Cotteau m'informe que son exemplaire d'*Echinocidaris loculata* a été pris dans la coque d'un navire que l'on radoubait, et qui était couverte de *Spondylus* et de *Chama*. Or, ces deux genres de Mollusques ne vivent pas sur les côtes océaniques de la France. (*Note de l'auteur*). — Il y a bien des années que je suis convaincu de l'*exoticité* (quant à nos côtes océaniques) du genre *Echinocidaris* tout entier, et j'ai exprimé plusieurs fois cette conviction à mes correspondants, mais sans oser, faute d'observations positives et directes comme celle de M. Cotteau, en faire mention dans mes travaux imprimés. (*Note de M. Ch Des Moulins, ajoutée pendant l'impression.*)

AMPHIDETUS Agassiz.

21. **Amphidetus cordatus** Pennant, British Zool., t. IV, p. 69, pl. 34, fig. 75 (*Echinus*). — Forbes, British Starf., p. 190 (*Amphidetus*). — Agassiz et Desor, Cat. rais., p. 117.—Dujardin et Hupé, Zooph. Echin., p. 602 (*Echinocardium*).— Beltrémieux, Faune de la Char.-Infér., p. 91.

Hab. Bassin d'Arcachon, au Bernet, à Moulleau, au cap Ferret. — Charente-Inférieure. — Noirmoutiers (Vendée).

Obs. M. Des Moulins a réuni cette espèce à la suivante sous le nom de *Spatangus arcuarius* Lamarck, variété α *subovalis* (Echin., p. 378).

22. **Amphidetus gibbosus** Agassiz et Desor, Cat. rais., p. 117. — Dujardin et Hupé, Zooph. Echin., p. 602 (*Echinocardium*). — List. of the British marine invert. Fauna (Dredging Committee, 1861), p. 48.

Hab. Vieux-Soulac (Gironde). — Royan (Charente-Inférieure). CC.

Obs. 1. Cette espèce est le *Spatangus arcuarius* Lamarck, variété β *angularis* Des Moulins (Echin., p. 398). Elle diffère de la précédente par l'absence d'un sillon intérambulacraire antérieur. Son bord antérieur est très-élevé, et la fasciole interne est étroite au sommet. Elle est quelquefois d'une abondance inouïe à Soulac, mais toujours vide et sans épines. (Des Moulins).

Obs. 2. M. Cailliaud indique au Croisic (Loire-Inférieure), le *Brissus Scillæ* Agassiz (Dujardin et Hupé, Zooph. Echin., p. 605. — *Spatangus ovatus* Lamarck, n° 4. — *Spatangus unicolor* Blainville, Des Moulins, Echin., p. 382), qui appartient à la Faune de la Méditerranée.

ECHINOCYAMUS Leske.

23. **Echinocyamus pusillus** Muller, Zool. Dan., p. 18, pl. 91, fig. 5-6 (*Spatangus*). — Forbes, British Starf., p. 175 (*Echinocyamus*).

α *ovalis*. — *Fibularia Tarentina* Lamarck, Anim. s. vert., éd. 2, t. III, p. 300. — Des Moulins, Echin., p. 236.

β *angulosa*.— *Fibularia angulosa* Lamarck, Anim. s. vert., éd. 2, t. III, p. 301. — Des Moulins, Echin., p. 236.

Hab. Toutes les côtes du sud-ouest de la France. C. — La variété β à

Soulac (Gironde). — Les individus jeunes se trouvent dans les sables pris par de grandes profondeurs dans tout le golfe de Gascogne (de Folin).

Les radioles d'*Echinocyamus* sont tellement abondants dans les sables de fond des côtes de la Manche et de la Bretagne, qu'ils doivent jouer dans la constitution des sédiments actuels un rôle aussi important que celui des Foraminifères.

ORDO V.

HOLOTHURIDÆ Agassiz.

(FISTULIDÆ [pars] *Lamarck*).

HOLOTHURIA Linné.

24. **Holothuria tubulosa** Lamarck, Hist. nat. des anim. sans vert., ed. 1, t. III, p. 75 (*Fistularia*). — Blaiville, Man. d'Actinol., p. 292, pl. 12 (*Holothuria*). — Beltrémieux, Faune de la Char.-Infér., p. 91. — Dujardin et Hupé, Zooph. Echin., p. 617. — List of the British mar. invert. Fauna (Dredging Committee), p. 49.

Hab. La Rochelle (Charente-Inférieure). — Baie du Sud (Gironde). — Biarritz, Guétary (Basses-Pyrénées).

Obs. 1. Grande et belle espèce d'Holothurie, commune dans la Méditerranée. Nous l'avons vue vivante à l'aquarium d'Arcachon. Elle se retrouve sur les côtes du nord de l'Espagne (Quatrefages).

Obs. 2. Les Holothuries de nos rivages n'ont pas été assez étudiées; on doit découvrir un grand nombre d'espèces. M. Beltrémieux indique à La Rochelle les *Holothuria squamata* et *vittata*; mais ces noms s'appliquent certainement à des espèces très-différentes.

CUCUMARIA Cuvier.

25. **Cucumaria pentactes** Muller, Zool. Dan., Prodr. 2806, Tab. 31, fig. 8 (*Holothuria*). — Lamarck, Hist. nat. des anim. sans vert.. ed. 1, t. III, p. 73 (*Holothuria*). — Forbes, British Starf., p. 213 (*Cucumaria*). — Dujardin et Hupé, Zooph. Echin., p. 621.

Hab. La Rochelle (Charente-Inférieure). — Noirmoutiers (Vendée).

Obs. La même espèce vit sur les côtes du nord de l'Espagne. Faut-il en distinguer le *Cucumaria Dicquemarei* Jœger (La Fleurilarde, Dicquemare, Journ. de Phys., 1778, pl. 1, fig. 1), des environs du Havre (Seine-Inférieure), qui ne présente que quatre rangées de tubercules au lieu de cinq?

SYNAPTA Eschscholtz.

26. **Synapta inhœrens** Muller, Zool. Dan., pl. 31, fig. 1-4 (*Holothuria*). — Lamarck, Hist. nat. des anim. sans vert., ed. 1, t. III, p. 74. — Dujardin et Hupé, Zooph Echin., p. 614 (*Synapta*). — Woodward et L. Barrett, Proceed., Zool. soc. 1858, p. 363, pl. 14, fig. 18-22.

Hab. Bassin d'Arcachon, sur les bancs de sable, près de l'embouchure.

Obs. Espèce plus petite que la suivante et très-adhérente. Elle a été indiquée sur les côtes de Scandinavie, de la Grande-Bretagne et dans la Méditerranée. Le *Synapta Duvernœana* Quatrefages (Ann. des Sc. nat., 2e série, t. XVII, 1842, p. 19, pl. 2-4), paraît être très-voisin de cette Synapte et lui est réuni par plusieurs auteurs.

Nous avons trouvé une Synapte qui adhérait si fortement à un petit poisson, que celui-ci n'avait pu s'en dégager.

27. **Synapta digitata** Montagu, Act. Soc. Linn., t. XI, p. 22, pl. 4, fig. 6 (*Holothuria*). — Lamarck, Hist. nat., anim. sans vert., ed. 1, t. III. pl. 76 (*Fistularia*). — Forbes, British Starf., p. 239 (*Chirodota*). — Dujardin et Hupé, Zooph. Echin. p. 615 (*Synapta*). — Woodward et L. Barrett, Proceed. Zool. soc. 1858, p. 361. pl. 14, fig. 1-17.

Hab. Bassin d'Arcachon à Eyrac, dans le sable, à 30 centimètres de profondeur. C. — Banc-Blanc, à l'embouchure du bassin d'Arcachon (Gironde). — Ile Dieu (Vendée).

Obs. Cette Synapte est très-répandue dans les mers d'Europe; elle a été trouvée sur les côtes d'Angleterre, d'Irlande, du nord de l'Espagne, de la baie de Vigo, de la Méditerranée, de l'Adriatique, etc.

Belle espèce qui atteint jusqu'à 30 centimètres de longueur; le corps est rosé, chargé de taches d'un brun-fauve et de points blanchâtres. Les tentacules sont blancs, très-courts, au nombre de 12; chacun d'entre eux se termine par quatre digitations cylindriques. Le système musculaire est extrêmement énergique; l'animal se mutile spontanément; il adhère à peine aux doigts.

Les ancres et les plaques des téguments sont semblables à celles que Woodward et Barrett ont figurées dans leur Mémoire.

C'est à l'intérieur du *Synapta digitata* que J. Müller a découvert à Trieste le singulier mollusque parasite qu'il a appelé *Entoconcha mirabilis*, et que M. Baur rapproche des Gastéropodes apneustes. Les *Entoconcha* ne seraient que les larves de l'*Helicosyrinx parasitica;* celui-ci est l'animal adulte, déformé par le parasitisme et réduit à l'état de boyau cylindrique.

Il serait intéressant de retrouver les *Entoconcha* ou *Helicosyrinx* à Arcachon, où le *Synapta digitata* est très-commun.

DISTRIBUTION GÉOGRAPHIQUE

Les Échinodermes, à cause de leur taille et des nombreux travaux dont ils ont été l'objet depuis plusieurs années, sont plus connus que la plupart des animaux inférieurs. Leur distribution géographique est assez précise (1).

Sur les 27 espèces des côtes du sud-ouest de la France, 22 se retrouvent dans la Méditerranée, ce sont :

Comatula Mediterranea.	(Forbes).	*Sphærechinus granularis*	(Dujardin et Hupé).
Ophioderma lacertosa. . .	(Forbes).	*Toxopneustes lividus*	(Forbes).
Ophioglypha texturata. . .	(Forbes).	*Spatangus purpureus*. . .	(Forbes).
Ophiothrix fragilis.	(Forbes).	*Amphidetus cordatus*. . . .	(Agassiz).
Amphipholis neglecta. . .	(Forbes).	— *gibbosus*. . . .	(Agassiz).
Ophiocnida brachiata. . .	(Sars).	*Echinocyamus pusillus*.	(Forbes).
Luidia ciliaris.	(Philippi).	*Holothuria tubulosa*. . . .	(Forbes).
Asteracanthion glacialis.	(Forbes).	*Cucumaria pentactes*. . . .	(Forbes).
Cribrella sepositu.	(Risso).	*Synapta inhærens*.	(J. Müller).
Asteriscus gibbosus	(Grübe).	— *digitata*.	(J. Müller).
Palmipes membranaceus.	(Forbes).		
Echinus Flemingi.	(Fischer).		

(1) Voir, pour la distribution géographique des Échinodermes, les ouvrages suivants sur la faune méditerranéenne :

Forbes, *Report of the Mollusca and Radiata of the Ægean sea* (1844).

Requien, *Catalogue des coquilles de l'île de Corse* (1848).

Grübe, *Die Insel Lussin und ihre Meeresfauna* (1864).

Sars, *Midd. litt. Faun. in nyt Mag. of naturv.* (1857).

Ainsi que les ouvrages plus anciens de Risso, Delle Chiaje, etc.

Les espèces de nos côtes qui manquent jusqu'à présent dans la Méditerranée sont :

Astropecten aranciacus... Représenté par une forme très-voisine, l'*A. crenaster* Dujardin.

Asteracanthion rubens... Vit peut-être dans la Méditerranée, où il a été signalé par Risso et Requien.

Asteracanthion violaceus.

Echinus sphæra.

Psammechinus miliaris... Cité par Requien sur les côtes de Corse, mais paraît être le *P. pulchellus* Agassiz.

Les espèces de nos côtes qui manquent sur les côtes d'Angleterre sont :

Ophioderma lacertosa.

Cribrella seposita.

Sphærechinus granularis.

Notre faune est donc à-peu-près mixte, sa physionomie serait même plutôt boréale.

FORAMINIFÈRES MARINS

DU DÉPARTEMENT DE LA GIRONDE

ET

DES COTES DU SUD-OUEST DE LA FRANCE

Par le Dr Paul FISCHER,
Membre correspondant de la Société Linnéenne de Bordeaux.

AVANT-PROPOS

Les Foraminifères ont été étudiés avec prédilection par A. d'Orbigny qui signala, dès 1826, un certain nombre d'espèces des côtes de France (1). Une grande partie de la carrière scientifique du célèbre naturaliste a été consacrée à l'étude de ces petits êtres qui portent encore le nom sous lequel il les a désignés; on peut dire qu'il les a retirés du chaos dans lequel ils étaient plongés et qu'il a dévoilé leur importance et leur profusion dans la nature (2).

D'Orbigny a été toujours porté à multiplier les espèces; le polymorphisme des Foraminifères lui a permis de satisfaire cette tendance de son esprit; néanmoins, il fut obligé de reconnaître un fait contradictoire avec ses conclusions sur l'apparition successive des animaux; c'est que plusieurs espèces actuelles avaient vécu dans les diverses couches tertiaires, tandis qu'il serait difficile de trouver des mollusques éocènes analogues aux formes récentes, et impossible de montrer un seul Echinoderme, Crustacé ou Vertébré rigoureusement identique.

Toutes les espèces indiquées dans le Tableau méthodique de d'Orbigny n'ont pas été décrites; l'auteur comptait les publier dans son grand ouvrage sur les Céphalopodes, mais ce vœu n'a pas été réalisé. Il était

(1) *Tableau méthodique de la classe des Céphalopodes* (Ann des sc. nat. 1826).

(2) *Faune des îles Canaries* (1839). — *Histoire physique et politique de l'île de Cuba* (1839). — *Foraminifères fossiles du bassin de Vienne* (1846), etc.

donc difficile de reconnaître les formes indiquées par d'Orbigny sur les côtes de France; nous avons pu cependant y arriver par l'examen de sa collection.

Les matériaux de ce Catalogue proviennent des draguages de MM. Lafont et de Folin, ainsi que de nos recherches sur les côtes du sud-ouest de la France (1).

CHAPITRE Ier.

RÉPARTITION ET CLASSIFICATION DES FORAMINIFÈRES.

La révision des espèces nous a été facilitée par le bel ouvrage de Williamson (2) sur les Foraminifères des côtes d'Angleterre, que nous avons pris pour guide, quoique la synonymie présente de nombreuses imperfections relevées par MM. Parker et Rupert Jones (3); mais l'excellente exécution des figures auxquelles nous renvoyons permettra toujours de reconnaître nos espèces.

Quant à la distribution géographique, elle n'existe pas encore. On connaît l'immense étendue des fonds de la mer, où se déposent les organismes microscopiques; par conséquent, les Foraminifères échappent aux influences du littoral qui déterminent la distribution géographique des animaux plus élevés. Il semble, dans beaucoup de cas, que la présence des mêmes espèces dans toutes les mers soit la règle, et leur localisation, l'exception. Presque toutes les espèces de l'Océan d'Europe se retrouvent dans la Méditerranée (4), reparaissent aux Canaries et vivent même dans les mers tropicales. Cette dissémination des espèces est d'ailleurs en rapport avec leur extension dans le temps, comme le prouve l'examen des Foraminifères tertiaires.

---

(1) Nous avons trouvé un grand nombre de Foraminifères dans les sables des rivages de la France, rassemblés par M. Delesse afin de dresser la carte minéralogique de nos côtes. Tous ces documents, précieux par leur nombre et l'exactitude des provenances, ont été soumis à notre examen.

(2) *On the recent Foraminifera of the Great Britain* (1858).

(3) *On the nomenclature of Foraminifera* (Ann. of nat hist., ann. 1859 *et seq.*) — *A monograph of the Foraminifera of the crag*, by Rupert Jones, Parker and Brady. (Palæontogr. Soc. 1866).

(4) Outre les ouvrages de Beccari, Plancus, Soldani, etc, voir : Williamson. *On some of the microscopical objects found in the mud of Levant* (Mem. of the litt. and philos Soc. of Manchester, 1847).

Et cependant, plusieurs genres sont particuliers aux mers chaudes: d'autres, abondants dans la Méditerranée, n'atteignent jamais nos rivages. Il existe donc, peut-être, une loi de répartition des Foraminifères. Malheureusement, ces petits corps ont été étudiés sur trop peu de points à la fois, pour qu'on puisse poser aujourd'hui les bases de cette partie de la science.

Tout ce que l'on peut inférer de l'examen des Foraminifères de nos côtes se réduit à cette proposition, qu'ils sont généralement représentés dans les mers plus froides qui baignent les îles Britanniques.

L'abondance des *Lagena* et *Entosolenia* donne à la Faune française, comme à la Faune anglaise, une physionomie spéciale; en effet, ces deux genres de Foraminifères abondent dans les mers froides au voisinage des deux pôles; on retrouve aux îles Malouines, sur les côtes de Patagonie, des espèces représentatives de celles de nos rivages du nord de l'Europe; pareil phénomène a été observé pour les mollusques, et c'est ainsi que les genres *Puncturella, Margarita, Cyamium* vivent, aux pôles opposés sans présenter des stations intermédiaires dans les mers tempérées et chaudes.

Nos Foraminifères ont donc un aspect boréal; quoique la plupart de leurs espèces soient signalées dans la Méditerranée, néanmoins cette mer est caractérisée par l'existence et l'abondance de plusieurs genres que nous n'avons jamais trouvés sur les côtes du golfe de Gascogne; tels sont les *Peneroplis*, *Vertebralina, Dendritina, Adelosina*, etc.

Enfin, les genres communs dans les régions tropicales n'ont jamais été dragués dans nos mers; tels sont les *Operculina, Orbitolites, Calcarina, Alveolina, Amphistegina, Heterostegina,* etc.

Ces exemples donnent à supposer qu'on ne peut établir les caractères de régions que d'après les genres, et que plusieurs de ceux-ci semblent se localiser dans les mers froides, tempérées et chaudes. La considération des espèces pour arriver à la répartition géographique est actuellement impraticable, à cause de la difficulté de limiter, et par conséquent de comprendre l'espèce elle-même.

Parmi les rares espèces qu'on n'a pas encore signalées sur les côtes d'Angleterre et qui ont été draguées sur nos côtes, nous signalerons quelques *Nodosaria* et *Dentalina,* le *Nonionina stellifera*, appartenant à la Faune des Canaries; les *Planorbulina Ungeriana* et *Polymorphina compressa*, espèces des faluns et du crag. Mais le plus remarquable de ces Foraminifères est le *Clavulina communis*, forme de la Méditerranée, fossile dans les faluns, et qui représente dans nos mers un genre des régions chaudes.

La structure des animaux des Foraminifères a été mise en lumière par Dujardin (1) en 1835; tout le monde sait que leur ressemblance avec les Céphalopodes n'est fondée que sur la forme de leur enveloppe testacée. Les Foraminifères, par la simplicité de leur structure, l'absence de tube digestif proprement dit, la composition élémentaire de leur tissu (sarcode), ne se rapprochent que des Infusoires et des Spongiaires (2). Mais il est au moins singulier que leur test ait pris les formes les plus variées des mollusques Céphalopodes et Gastéropodes; on dirait une tentative d'imitation d'animaux plus élevés, faite par les êtres les plus inférieurs. Dans l'agencement de leurs enveloppes, les Mollusques comme les Foraminifères ont dû être soumis à une tendance analogue. Ne voit-on pas de même les Mammifères didelphes développer, reproduire la série des monadelphes? La paléontologie ne nous montre-t-elle pas chez les Reptiles des séries en quelque sorte parallèles à celles des Mammifères? Ces faits, que nous appellerions volontiers des ***répétitions morphologiques***, doivent imposer une grande réserve pour la classification zoologique des restes d'animaux invertébrés conservés dans les couches les plus anciennes.

Nous aurions voulu adopter, pour la répartition des genres, l'ordre proposé par d'Orbigny (3); ses divisions fondamentales ont le grand mérite d'être simples et d'une application facile; mais elles ne sont que très-artificielles, à cause même de leur principe. D'Orbigny, pour les Foraminifères, comme pour les Bryozoaires, attache une importance prépondérante au groupement apparent des loges; il s'inquiète peu de la nature de ces loges, de leur structure, de leur disposition intérieure. Aussi, es ordres ont à la fois les avantages et les inconvénients d'un système exclusif. Ils rendent facile la détermination d'un Foraminifère; mais ils associent des êtres très-différents ou éloignent des êtres très-proches.

Les recherches récentes de M. Carpenter (4), sont dirigées dans une

---

(1) *Recherches sur les organismes inférieurs* (Ann. des sc. nat 1835). — *Observations nouvelles sur les Céphalopodes microscopiques* (Bull. soc. sc. nat. 1835).

(2) D'après M. Carpenter, les Rhizopodes se divisent en trois groupes : 1° *Lobosa*, 2° *Radiolaria*, 3° *Reticulosa*. Le groupe des *Reticulosa* se subdivise en *Gromida* et *Foraminifera*.

(3) Dans la brochure intitulée : *Modèles des Foraminifères vivants et fossiles* (1843), et dans le *Cours élémentaire de Paléontologie*, t. II (1852).

(4) *Introduction to the study of Foraminifera* (1862).

voie opposée; l'auteur est guidé par les principes de la méthode naturelle et par l'analyse minutieuse du test des Foraminifères. Il divise ceux-ci en perforés et imperforés, suivant que leur coquille est percée de trous pour le passage des pseudo-podes ou qu'elle n'en présente pas. Chacun de ces ordres est subdivisé en familles.

Pour montrer les différences des deux classifications, nous avons réparti les genres de Foraminifères de nos côtes parallèlement, suivant l'ordre adopté par d'Orbigny et celui que propose M. Carpenter :

CLASSIFICATION DE D'ORBIGNY.

MONOSTÈGUES. . .	Orbulina.
	Entosolenia.
	Lagena.
CYCLOSTÈGUES. . .	. . . .
STICHOSTÈGUES. .	Nodosaria.
	Dentalina.
	Vaginulina.
	Cristellaria.
	Nonionina.
	Polystomella.
	Lituola.
	Rotalia.
	Pulvinulina.
	Globigerina.
	Planorbulina.
	Truncatulina.
	Bulimina.
	Uvigerina.
	Clavulina.
ENTOMOSTÈGUES . . .	. . . .
ENALLOSTÈGUES. .	Polymorphina
	Textularia.
AGATHISTÈGUES. .	Biloculina.
	Miliola.
	Spiroloculina.
. . . .	Cornuspira.

CLASSIFICATION DE CARPENTER.

IMPERFORATA.	**Miliolidæ**.	Cornuspira.
		Miliola.
		Spiroloculina.
		Biloculina.
	Lituolidæ.	Lituola.
PERFORATA.	**Lagenidæ**.	Lagena.
		Entosolenia.
		Nodosaria.
		Dentalina.
		Vaginulina.
		Cristellaria.
		Polymorphina
		Uvigerina.
	Globigerinidæ	Orbulina.
		Globigerina.
		Textularia.
		Clavulina.
		Bulimina.
		Planorbulina.
		Truncatulina.
		Pulvinulina.
		Rotalia.
	Nummulinidæ	Polystomella.
		Nonionina.

Les naturalistes anglais, qui ont travaillé avec beaucoup de patience à la détermination des Foraminifères, sont frappés de la difficulté que présente la limitation de l'espèce dans ce groupe zoologique.

De nombreux exemples, dit M. Williamson, montrent qu'il est impossible d'en donner rigoureusement les caractères; le test des Foraminifères n'étant pas un élément suffisant pour tracer la séparation spécifique. La direction de l'accroissement des coquilles, le mode de sculpture extérieure subissent l'influence de l'âge et des circonstances locales ; de là, des dissemblances entre les différents degrés de développement d'un individu, et dont l'importance n'est pas comparable à ce que l'on voit chez les Mollusques, par exemple.

D'Orbigny a élevé toutes les formes tranchées au rang d'espèces, mais il ne paraît pas se douter des innombrables intermédiaires qui relient ces formes entr'elles. Dans une région limitée, on arrive à distinguer spécifiquement des Foraminifères; mais, dès qu'on étend ses recherches, les formes intermédiaires se multiplient et créent des difficultés insurmontables aux naturalistes nomenclateurs.

Il est cependant probable que l'espèce existe, quoique nous ne possédions pas le *criterium* spécifique.

Comme conséquence, M. Williamson attache peu de valeur aux Foraminifères pour déterminer les relations entre les provinces zoologiques, et pour identifier des dépôts stratifiés, attendu que les formes les plus diverses peuvent avoir eu une origine commune et présenter une identité d'espèce, plutôt que la diversité de formes n'indique la diversité d'espèces.

MM. Parker et Rupert Jones, en essayant de donner aux espèces des mers d'Angleterre une limite large, mais aussi rigoureuse que possible, sont arrivés à composer le tableau suivant, qui est la synonymie des espèces admises par M. Williamson. Il faut remarquer toutefois que celui-ci dit expressément qu'en employant la nomenclature binaire, il n'a voulu indiquer que des types spéciaux de forme, et nullement des espèces telles qu'on les comprend chez les Mollusques ou d'autres animaux plus parfaits.

ESPÈCES DE WILLIAMSON.	TYPES DE PARKER ET JONES.
Orbulina universa.	Orbulina universa *d'Orbigny*.
Lagena vulgaris, Entosolenia globosa, E. costata, E. marginata, E. squamosa.	Lagena sulcata *Walker*.
Lingulina carinata, Nodosaria radicula, N. pyrula, Dentalina subarcuata, D. legumen. Frondicularia spathulata, F. Archiaciana, Cristellaria calcar, C. subarcuatula.	Nodosaria raphanus *Linné*.
Nonionina Barleeana, N. crassula, Polystomella crispa, P. umbilicatula, Rotalina turgida.	Polystomella crispa *Linné*.
Proteonina fusiformis, P. pseudospiralis, Nonionina Jeffreysi.	Lituola nautiloidea *Lamarck*.
Nonionina elegans, Nummulina planulata.	Nummulina planulata *Lamarck*.
Peneroplis planatus.	Peneroplis planatus *Montfort*.

ESPÈCES DE WILLIAMSON.	TYPES DE PARKER ET JONES.
Patellina corrugata.	Patellina concava *Lamarck.*
Rotalina Beccarii, R. nitida.	Rotalia Beccarii *Linné.*
Rotalina inflata, Spirillina arenacea.	Trochammina squamata *Parker.*
Rotalina oblonga, R. concamerata.	Pulvinulina repanda *Fichtel.*
Rotalina mamilla, R. ochracea.	Discorbina turbo *d'Orbigny.*
Rotalina fusca.	Valvulina triangularis *d'Orb.*
Globigerina bulloides.	Globigerina bulloides *d'Orb.*
Planorbulina vulgaris, Truncatulina lobatula.	Planorbulina farcta *Fichtel.*
Bulimina pupoides, B. elegantissima.	Bulimina Presli *Reuss.*
Uvigerina pygmæa, U. angulosa	Uvigerina pygmæa *d'Orbigny.*
Cassidulina lævigata, C. obtusa.	Cassidulina lævigata *d'Orbigny.*
Polymorphina lactea, P. myristiformis. . . .	Polymorphina lactea *Walker.*
Textularia cuneiformis, T. variabilis, Bulimina arenacea.	Textularia agglutinans *d'Orb.*
Biloculina ringens, Spiroloculina depressa, Miliolina trigonula, M. seminulum, M. bicornis.	Miliola seminulum *Linné.*
Vertebralina striata.	Vertebralina striata *d'Orbigny.*
Spirillina foliacea.	Cornuspira foliacea *Philippi.*
Spirillina perforata, S. margaritifera	Spirillina vivipara *Ehrenberg.*

Les 59 espèces de Williamson sont ainsi ramenées à 24 espèces ou types de Parker et Jones.

Quant aux espèces de notre littoral, nous les avons distinguées dès qu'elles nous ont paru posséder des caractères constants; mais nous n'y attachons qu'une importance secondaire, tant nous sommes pénétré de la difficulté des distinctions spécifiques chez les Foraminifères. Pour déterminer une espèce, on est obligé d'examiner des centaines de spécimens; cet examen conduit à comprendre l'espèce dans un sens très-large et à se défier de l'exactitude de ses limites.

CHAPITRE II.

REPRODUCTION DES FORAMINIFÈRES.

Les Foraminifères, à leur première période, se ressemblent tous; ils consistent en un globule sarcodique qui se revêt d'une loge calcaire sphérique. Telle est, en effet, la première loge des *Nummulites, Textularia, Globigerina, Miliola*, etc. L'agencement de la deuxième loge, par rapport à la première a, nous le supposons, une influence décisive sur la morphologie du Foraminifère. Cette deuxième loge se moulera sur une expansion sarcodique de même forme que le globule primordial et produite par une véritable gemmation; celle-ci, à son tour, donnera naissance à un troisième globule sarcodique, et ainsi de suite.

Le Foraminifère est donc un animal simple lorsqu'il est formé d'une seule loge (*Orbulina*, *Lagena*), et un animal composé dès qu'il compte plusieurs segments (1), ce qui est en opposition complète avec l'opinion de d'Orbigny, qui reconnaissait dans tous les Foraminifères des êtres à existence individuelle toujours distincte.

Il est tellement facile d'arriver de l'*Orbulina*, animal simple, au *Globigerina*, animal composé, et du *Lagena*, animal simple, aux *Dentalina* et *Nodosaria*, animaux composés, qu'on ne peut s'expliquer sur quelles données s'appuyait d'Orbigny pour repousser l'aggrégation chez les Foraminifères.

Le dernier segment sarcodique d'un Foraminifère doit arriver à son volume définitif avant d'être recouvert d'une lame calcaire; sans cette disposition, on ne comprendrait pas la formation de la dernière loge, qui est presque toujours plus ample que les précédentes..

La reproduction par gemmation n'est donc pas douteuse chez les Foraminifères; la reproduction par scissiparité (2), existe également chez ces petits êtres. M. Williamson a figuré, en effet, un *Entosolenia squamosa* dont la loge est divisée profondément en deux segments et présente deux ouvertures distinctes (Fig. 32 *a*); chez un *Dentalina subarcuata* la loge primordiale est également double (Fig. 41 *a*); chez un *Dentalina legumen*, la loge primordiale pourvue de deux ouvertures a donné naissance à deux colonies divergentes entées chacune sur un des segments de cette première loge (Fig. 49).

Cette scissiparité s'est effectuée avant que le Foraminifère ait possédé son enveloppe calcaire, et alors qu'il était semblable à un Infusoire, puisque l'incrustation calcaire ne se dépose que lorsque le globule sarcodique est constitué.

---

(1) Les Milioles, ainsi que la plupart des Imperforés, auraient plutôt l'apparence d'animaux simples; les pseudopodes étant réunis en un seul groupe et sortant par une ouverture unique.

(2) La scissiparité des Rhizopodes a été constatée directement chez les *Actinophrys* par Claparède.

Nous avons vu d'autres exemples de scissiparité, lesquels n'affectaient plus la loge primordiale, mais des loges beaucoup plus avancées en âge. Chez un *Peneroplis planatus*, la vingtième loge environ s'est subdivisée : un des segments a donné naissance à une série de loges qui ont suivi l'enroulement normal, et l'autre a fourni des loges superposées directement et constituant une colonne analogue à celle des *Lituola*. Chez un autre *Peneroplis* également divisé, la série anormale de loges a la même disposition que la série normale, mais elle décrit une courbe en sens contraire; de telle sorte, que le Foraminifère anormal semble composé de deux *Peneroplis* soudés symétriquement par leurs bords dorsaux.

Ces exemples donnent à penser que la scissiparité dont nous ne connaissons que des cas incomplets peut être complète, soit dans la première période du Foraminifère, soit lorsque la colonie a acquis tout son développement, et dans ce cas, le globule sarcodique qui sera recouvert par la dernière loge se divisera de même que le globule primordial : nouvelle preuve de l'état d'aggrégation des Foraminifères polythalames.

Dès-lors, on comprend facilement que des fragments de test de Foraminifères aient pu vivre, réparer leur loges, les multiplier et reconstituer une coquille à-peu-près semblable à celle des colonies normales. C'est ainsi que des morceaux détachés de disque d'*Orbitolites* ont été reparés et ont formé un test extérieurement normal comme apparence et comme dimension (1).

Quant à la reproduction par œufs, elle n'est plus douteuse depuis les travaux de Carter, de S. Wrigth, de Schultze, etc. Certains Foraminifères sont peut-être vivipares (*Spirillina*).

CHAPITRE III.

CATALOGUE DES FORAMINIFÈRES DU SUD-OUEST DE LA FRANCE.

SOUS-ORDRE I.

IMPERFORATA Carpenter.

CORNUSPIRA Schultze.

1. **Cornuspira foliacea** Philippi, Enumer. Moll. sicil. t. II, p. 147, pl. 24, fig. 25 (*Orbis*).—Williamson, British Foramin., p. 91, fig. 199-201 (*Spirillina*). — Carpenter, Introd. to the study of the Foraminifera, p. 68 (*Cornuspira*).

(1) Carpenter, *Introd. to the study of Foramin.*, pl. 4, fig. 27.

Hab. Sable de fond entre l'île Dieu et l'île de Noirmoutiers (Vendée).

Obs. Nous avons trouvé quelques individus de ce singulier Foraminifère, considéré par Philippi comme un Mollusque.

Les vrais *Spirillina* ont un test arénacé. Le type du genre, *Spirillina vivipara* Ehrenberg, n'est pas rare dans les sables de nos côtes de la Manche.

MILIOLA Lamarck.

2. **Miliola trigonula** Lamarck, Syst. des animaux sans vert., p. 622 (*Miliolites*).— Lamarck, Encycl. méth., pl. 469, fig. 3. — D'Orbigny, Tabl. méth. des Céphal., p. 299, pl. 16, fig. 5-9 (*Triloculina*).—Williamson, British Foramin., p. 84, fig. 180-182 (*Miliolina*).

Triloculina flavescens d'Orbigny, Tabl. méth. des Céphal., p. 300.

Hab. Toutes nos côtes dans les sables de fond.

Obs. Tout en identifiant, comme M. Williamson, l'espèce actuelle avec celle du bassin de Paris décrite par Lamarck, nous croyons que l'assimilation du *Miliola trigonula* avec le *Vermiculum subrotundum* de Montagu n'est pas exacte. Ce dernier appartiendrait à la forme *Quinqueloculina*.

3. **Miliola seminulum** Linné, Syst. nat., ed. 12e, p. 1264 (*Serpula*). — D'Orbigny, Tabl. méth. Céphal., p. 303 (*Quinqueloculina*). — Williamson, Brit. Foramin., p. 85, fig. 183-185 (*Miliolina*).

β *Quinqueloculina secans* d'Orbigny, Tabl. méth. Céphal., p 303.

Vermiculum disciforme Mac Gillivray, Moll. Aberd., p. 37.

Hab. Toutes nos côtes. C. — Gijon (Asturies).

4. **Miliola subrotunda** Montagu, Test. Brit., p. 521 (*Vermiculum*). — D'Orbigny, Tabl. méth. des Céphal., p. 302.

Hab. Toutes nos côtes, dans les sables de fond.

Obs. Nous rapportons à l'espèce de Montagu, les Milioles en forme de disque, larges, à segments arrondis et renflés, et à cinq loges apparentes. Elles ne constituent pour nous qu'une variété globuleuse du *Miliola seminulum*.

5. **Miliola oblonga** Montagu, Test. Brit., p. 522, pl. 14, fig. 9 (*Vermiculum*). — D'Orbigny, Tabl. méth. des Céphal., p. 300 (*Triloculina*).— Rupert Jones, Parker, Brady, Crag Foramin., p. 7, pl. 3, fig. 31-32.

Triloculina Chemnitziana d'Orbigny, Foram. des Canaries. pl. 3, fig. 19-21. — Lafont, Note pour servir à la Faune de la Gironde, p. 14, n° 2.

Miliolina seminulum var. Williamson, British Foramin., p. 86, fig. 186-187.

Hab. Tous les grands fonds du golfe de Gascogne. Commun dans les sables du rivage.

6. **Miliola Mariæ** d'Orbigny, Foramin. foss. du bassin tert. de Vienne, p. 300, pl. 20, fig. 13-15 (*Quinqueloculina*).

Quinqueloculina Ferussaci R. Jones, Parker et Brady, Crag Foraminifera, p. 12, pl. 4, fig. 4.

Hab. Golfe de Gascogne, à différentes latitudes, dans le sable de fond.

Obs. Cette espèce n'est autre chose que le *Miliola seminulum* à plusieurs carènes et à ouverture placée à l'extrémité d'un rostre. Peut-être devra-t-on la rapporter au *Miliola bicornis* Walker (Williamson, fig. 190-196) et principalement à la variété *angulata*. Le type du *Miliola bicornis* Williamson vit dans les eaux de la Bretagne.

Le *Quinqueloculina Ferussaci* d'Orbigny (Ann. des sc. nat., vol. VII, p. 301, n° 18. — Modèles n° 32) diffère très-peu de notre espèce et peut être considéré comme son ancêtre.

Quelques exemplaires sont contournés et tendent à prendre la forme d'*Adelosina*.

SPIROLOCULINA d'Orbigny.

7. **Spiroloculina nitida** d'Orbigny, Tabl. méth. des Céphal., p. 298.

Spiroloculina depressa Williamson, British Foramin., p. 81, fig. 177, 179.

Spiroloculina canaliculata Rupert Jones, Parker, Brady, Crag Foramin., p. 16, pl. 3, fig. 39-40.

Hab. Côtes de la Charente-Inférieure. — Golfe de Gascogne dans les sables de fond.

Obs. M. Williamson identifie les *Spiroloculina depressa* et *nitida* d'Orbigny; la première de ces espèces habite la Méditerranée, la seconde l'Océan; leurs différences sont peu appréciables.

BILOCULINA D'ORBIGNY.

8. **Biloculina bulloides** D'ORBIGNY, Tabl. méth. des Céph., p. 297, pl. 16, fig. 1-4. — D'Orbigny, Modèles de Foram., n° 90, 2e éd., p. 18.

Biloculina ringens Williamson, Brit. Foram., p 78, fig. 169-170. — Rupert Jones, Parker, Brady, Crag Foramin., p. 5, pl. 3, fig. 26-28.

HAB. Dragué au large du Bassin d'Arcachon (Lafont).

9. **Biloculina depressa** D'ORBIGNY, Ann. des sc. nat., vol VII, p. 298. — D'Orbigny, Modèles de Foram., p. 18, n° 91. — Rupert Jones, Parker, Brady, Crag Foram., p. 6, pl. 3, fig. 29-30.

Biloculina ringens var. Williamson, Brit. Foram., p. 79, fig. 172, 174.

HAB. Sables de fond, pris entre l'île Dieu et l'île de Noirmoutiers.

LITUOLA LAMARCK.

10. **Lituola Canariensis** D'ORBIGNY, Foram. des Canaries, p. 128, pl. 2, fig. 33-34 (*Nonionina*). — Lafont, Note pour servir à la Faune de la Gironde, p. 14, n° 4.

Nonionina Jeffreysi Williamson, British Foramin., p. 34, fig. 72-73.

HAB. Dragué au large du Bassin d'Arcachon (Gironde). — Aiguillon, île de Noirmoutiers (Vendée).

OBS. Cette espèce nous semble très-voisine du *Nonionina Jeffreysi* Williamson (Brit. Foram., p. 34, fig. 72-73), provenant des régions septentrionales des mers de la Grande Bretagne. — Des fragments ou des exemplaires incomplets du même Foraminifère constituent les *Proteonina fusiformis* et *pseudospiralis* de Williamson (British Foramin., fig. 1, 2 et 3).

Nous n'avons jamais vu la forme *Lituola* à l'état typique, mais bien la forme *Nonionina;* le test est irrégulier, agglutinant.

SOUS-ORDRE II.

PERFORATA CARPENTER.

LAGENA WALKER.

11. **Lagena lævis** MONTAGU, Test. Brit., p. 524 (*Vermiculum*).

Lagena vulgaris Williamson, British Foramin., p. 3, fig. 5-6.

Hab. Golfe de Gascogne, dans les sables de fond (de Folin). — Entre l'île Dieu et l'île de Noirmoutiers (Vendée).

12. **Lagena striata** Walker, Test. min., p. 2, pl. 1, fig. 6 (*Serpula*). — Montagu, Test. Brit., p. 523 (*Vermiculum*).

Lagena vulgaris var. Williamson, British Foramin., p. 6, fig. 10.

Hab. Entre l'île Dieu et l'île de Noirmoutiers (Vendée).

Obs. M. de Folin a recueilli cette espèce dans des sables de fond des côtes du Morbihan et de la Loire-Inférieure, en compagnie des formes suivantes qui ne sont que des variétés : *Lagena semistriata* (Williamson, fig. 9), et *Lagena gracilis* (Williamson, fig. 12-13).

ENTOSOLENIA Ehrenberg.

13. **Entosolenia globosa** Walker, Test. min., p. 3, pl. 1, fig. 8 (*Serpula*). — Montagu, Test. Brit., p. 523 (*Vermiculum*). — Williamson, Brit. Foramin., p. 8, fig. 15-16 (*Entosolenia*).

Hab. Entre l'île Dieu et l'île de Noirmoutiers (Vendée).

Obs Ce Foraminifère ne paraît être autre chose qu'un *Lagena lævis*, dont le tube est renversé à l'intérieur du test. Le genre *Entosolenia* est donc un état particulier du genre *Lagena*.

14. **Entosolenia costata** Williamson, British Foramin., p. 9, fig. 18.

Hab. Avec l'espèce précédente.

Obs. Cette espèce est la forme *Entosolenia* du *Lagena striata*.

15. **Entosolenia marginata** Montagu, Test. Brit., p. 524 (*Vermiculum*). — Williamson, British Foramin., p. 9, fig. 19-28 (*Entosolenia*).

Oolina compressa d'Orbigny, Foramin. foss. du bass. tert. de Vienne, p. 23, pl 21, fig. 1-2.

Hab. Avec l'espèce précédente.

Obs. L'*Oolina compressa* d'Orbigny est identique avec l'espèce de nos mers. Elle provient des îles Malouines.

NODOSARIA Lamarck.

16. **Nodosaria raphanus** Linné, Syst. nat., ed. 10, p. 711 (*Nautilus*). — R. Jones, Parker, Brady, Crag Foraminifera, p. 49, pl. 1, fig. 4, 5, 22, 23 (*Nodosaria*).

Dentalina subarcuata (pars) Williamson, British Foraminifera, fig. 43, 44.

HAB. Golfe de Gascogne (de Folin).

17. **Nodosaria pyrula** D'ORBIGNY, Tabl. méth. des Céphal., p. 85, nº 13. — Williamson, British Foramin., p. 17, fig. 39.

HAB. Golfe de Gascogne (de Folin).

DENTALINA D'ORBIGNY.

18. **Dentalina inornata** D'ORBIGNY, Foramin. fossiles du bassin tertiaire de Vienne, p. 40, pl. 1, fig. 50-51.

Dentalina subarcuata Williamson, British Foramin. (pars), p. 18, fig. 40-41.

HAB. Sables de fond, entre l'île Dieu et l'île de Noirmoutiers (Vendée).

OBS. Le type du *Dentalina subarcuata* de Williamson est le *D. inornata* d'Orbigny.

19. **Dentalina communis** D'ORBIGNY, Tabl. méth. des Céphal., Ann. des sc. nat., t. VII, p, 254, nº 35.

Dentalina filiformis Reuss, Sitzungsb. akad. Wien, pl. 3, fig. 8.

HAB. Golfe de Gascogne (de Folin).

20. **Dentalina obliquestriata** REUSS, Zeitschr. Deutschl., Geol. ges, t. III, p. 63, pl. 3, fig. 11-12. — R. Jones, Parker, Brady, Crag Foramin., p. 56, pl. 1, fig. 19.

HAB. — Golfe de Gascogne (de Folin).

21. **Dentalina pauperata** D'ORBIGNY, Foramin. foss. du bassin de Vienne, p. 46, pl. 1, fig. 57-58.

HAB. Golfe de Gascogne (de Folin).

VAGINULINA D'ORBIGNY.

22. **Vaginulina linearis** MONTAGU, Test. Brit. suppl., p. 87, pl. 30, fig. 9 (*Nautilus*). — Rupert Jones, Parker, Brady, Crag Foram., p. 67, pl. 1, fig. 10-12 (*Vaginulina*).

Dentalina legumen var. Williamson, Brit. Foramin., p. 23, fig. 46, 48.

HAB. Golfe de Gascogne (de Folin).

CRISTELLARIA Lamarck.

23. **Cristellaria crepidula** Fichtel et Moll, Test. micr., p. 107, pl. 19, fig. *g*, *h*, *i* (*Nautilus*).

Cristellaria subarcuatula Montagu, Test. Brit. suppl., p. 80, pl. 19, fig. 1 (*Nautilus*). — Williamson, British Foramin., p. 29, fig. 56-67.

Hab. Golfe de Gascogne (de Folin). — Gijon (Asturies).

POLYMORPHINA d'Orbigny.

24. **Polymorphina lactea** G. Adams, Essays on the Microscope, éd. 2e, p. 634, pl. 14, fig. 4 (*Serpula*). — Montagu, Test. Brit., p. 522 (*Vermiculum*). — Williamson, British Foramin., p. 70, fig. 145-152 (*Polymorphina*).

Globulina gibba d'Orbigny, Tabl. méth. Céphal., p. 266.— D'Orbigny, Foramin. de Vienne, p. 227, pl. 13, fig. 13-14.

Hab. La Rochelle, Esnandes (Charente-Infér.). — Gijon (Asturies).

Obs. Ainsi que la suivante, cette espèce appartient au groupe des *Globulina* d'Orbigny, qui diffère des *Polymorphina* par ses loges embrassantes et dont trois seulement sont visibles à l'extérieur. Mais ce caractère n'est pas constant et, suivant que les tours sont plus ou moins découverts, la même espèce peut appartenir aux deux genres.

25. **Polymorphina compressa** d'Orbigny, Foramin. foss. du bassin tert. de Vienne, p. 233, pl. 12, fig. 32-34.—R. Jones, Parker, Brady, Crag Foraminifera, n° 52, pl. 1, fig. 52, 53, 60.

Hab. Golfe de Gascogne (de Folin). — Sables de fond, pris entre l'île de Ré et l'île de Noirmoutiers.

26. **Polymorphina myristiformis** Williamson, British Foraminifera, p. 73, fig. 156-157.

Globulina sulcata d'Orbigny, Tabl. méth. des Céphal., p. 266 (*absque descript.*).

Hab. Aiguillon (Vendée).—La Rochelle (Charente-Inférieure).—Golfe de Gascogne (de Folin).

Obs. La priorité du nom spécifique appartient à d'Orbigny; mais l'auteur français n'ayant pas donné de diagnose, on ne peut accepter la dénomination qu'il a proposée.

M. Parker et Rupert Jones considèrent cette espèce comme une variété de la précédente.

UVIGERINA d'Orbigny.

27. **Uvigerina pygmaea** d'Orbigny. Tabl. méth. des Céphal., p. 268, pl. 12, fig. 8-9.— Williamson, British Foramin., p. 66, fig. 138-139.

Hab. Golfe de Gascogne (de Folin).

ORBULINA d'Orbigny.

28. **Orbulina universa** d'Orbigny, Foramin. de Cuba, p. 3, pl. 1, fig. 1. — D'Orbigny, Foramin. des Canaries, p. 122, pl. 1, fig. 1. — Williamson, British Foramin., p. 2, fig. 4.

Hab. Golfe de Gascogne, par 40 à 75 brasses (de Folin). — Gijon.

Obs. Cette espèce paraît être une des plus répandues; elle a été signalée dans toutes les mers du globe. M. Bailey l'a trouvée dans des sondages de l'Atlantique, à des profondeurs variant entre 1,300 et 3,000 brasses. Elle existe dans les dépôts tertiaires moyens et supérieurs.

GLOBIGERINA d'Orbigny.

29. **Globigerina bulloides** d'Orbigny, Tabl. méthod, des Céphal., p. 277. — D'Orbigny, Modèles de Foram., n° 17; 2e éd., p. 11. — Williamson, British Foramin., p. 56, fig. 116-118.

Hab. Pris au large du Bassin d'Arcachon et dans les sables de fond du golfe de Gascogne. — Gijon (Asturies).

TEXTULARIA Defrance.

30. **Textularia cuneiformis** d'Orbigny, Foram. de Cuba, p. 147, pl. 1, fig. 37-38. — Williamson, British Foramin., p. 74, fig. 158-159.

β. *Textularia cuneiformis* var. *conica*, Williamson, British Foram., p. 75, fig. 160-161.

Textularia trochoides d'Orbigny, Tabl. méth. des Céphal, p. 263.

Hab. En dehors du Bassin d'Arcachon, à 12 milles au large, par 70 mètres de profondeur (Lafont.). — Golfe de Gascogne (de Folin).

Obs. Nos exemplaires se rapportent à la forme typique de Williamson (fig. 158 et 159).

La var. β, rapportée au *Textularia conica* d'Orbigny, par M. Williamson a été trouvée dans des sables de fond des côtes de la Vendée. D'après les dessins inédits de d'Orbigny, cette variété est le *Textularia trochoides* d'Orbigny, mais non le *T. conica* du même auteur.

31. **Textularia variabilis** WILLIAMSON, British Foramin., p. 76, fig. 162-163.

β var. *sublobata*.

γ var. *striata*.

HAB. Sables de fond, entre l'île de Noirmoutiers et l'île Dieu (Vendée).

OBS. Espèce essentiellement polymorphe. La plupart de nos exemplaires se rapportent au type de Williamson. La variété β *lobata* se rapproche du *Textularia lobata* cité par d'Orbigny (Tabl., p. 263), mais non décrit; les loges présentent deux renflements, disposés de telle sorte qu'au premier aspect, le test semble formé de quatre séries de loges : deux à droite et deux à gauche.— La variété γ n'a pas encore été signalée; les loges sont striées longitudinalement comme celles de l'*Urigerina pygmæa* d'Orbigny, et leurs bords sont légèrement imbriqués comme chez le *Textularia variabilis*, var. *difformis* Williamson (fig. 166-167).

Quelques individus de *Textularia variabilis* semblent agglutinants comme le *Textularia agglutinans* d'Orbigny (Foramin. de Cuba, pl. 1, fig. 17, 18, 32, 34).

32. **Textularia scabra** WILLIAMSON, British Foraminifera, p. 65, fig. 136-137 (*Bulimina*).

Verneuilina polystropha Reuss, *sec.* Parker and R. Jones, *in* Carpenter, Introd. to the study of Foraminifera, Appendix, p. 311.

Textularia agglutinans d'Orbigny (var.) *sec.* Parker and R. Jones, *in* Carpenter, *loc. cit.*, p. 311.

HAB. Bassin d'Arcachon, anse de Gnagnotte. CC.

OBS. Ce Foraminifère paraît être un *Textularia* à forme de *Bulimina*. Son test est jaune, arénacé, comme celui du *Textularia agglutinans* d'Orbigny (*T. variabilis* Williamson).

CLAVULINA D'ORBIGNY.

33. **Clavulina communis** D'ORBIGNY, Tabl. méth. des Céphal., Ann. des sc. nat., t. VII, p. 102, n° 4.— D'Orbigny, Foramin. foss. du bassin tert. de Vienne, p. 196, pl. 12, fig. 1-2.

HAB. Golfe de Gascogne. C. (de Folin).

BULIMINA D'ORBIGNY.

34. **Bulimina ovata** D'ORBIGNY, Foraminifères fossiles du bassin tertiaire de Vienne, p. 185, pl. 11, fig. 13-14.

Bulimina pupoides Williamson, British Foraminifera, p. 61, fig. 129-130 (var. *fusiformis*).

Bulimina Presli Reuss (var. *ovata*), *sec.* Parker and R. Jones *in* Carpenter, Introd. to the study of Foraminifera. — Appendix, p. 311.

Hab. Bassin d'Arcachon, dans le sable pris sur la plage du Phare.

PLANORBULINA d'Orbigny.

35. **Planorbulina Mediterranensis** d'Orbigny, Tabl. méth des Céphal., p. 280. — D'Orbigny, Foram. foss. du bass. tert. de Vienne, p. 165, pl. 9, fig. 15-17.

Planorbulina nitida d'Orbigny, Modèles de Foram,, n° 78; 2e édit. p. 12.

Planorbulina vulgaris Williamson, British Foramin., p. 57, fig 119-120.

Hab. Toutes les côtes du sud-ouest de la France, sur les coquilles draguées par 10 à 80 brasses. C.

Obs. Nous nous sommes assuré, par l'examen des types de d'Orbigny, que son *Planorbulina nitida* n'est qu'un jeune individu du *Planorbulina Mediterranensis*. Le type a été trouvé en Angleterre, aux Canaries, dans la Méditerranée; il est fossile dans le bassin de Vienne.

36. **Planorbulina Ungeriana** d'Orbigny, Foramin. foss. du bassin tert. de Vienne, p. 157, pl. 8, fig. 16-18 (*Rotalina*).— R. Jones, Parker, Brady, Crag Foramin., n° 79, pl. 2, fig. 11-13 (*Planorbulina*).

Hab. Golfe de Gascogne. R. (de Folin).

TRUNCATULINA d'Orbigny.

37. **Truncatulina lobatula** Turton, *in* Linné, Syst. nat., ed. 1800-1806, vol. IV, p. 307 (*Nautilus*). — D'Orbigny, Foramin. foss. du bass. tert. de Vienne, p. 168, pl. 9, fig. 18-23 (*Truncatulina*). — Williamson, British Foram., p. 59, fig. 121-123.

Serpula lobata Montagu, Test. Brit., p. 315. — D'Orbigny, Foram. des Canaries, p. 134, pl. 2, fig. 22-24 (*Truncatulina*).

Truncatulina tuberculata d'Orbigny, Tabl. méthod. des Céphal., p. 279.

Hab. Noirmoutiers, Aiguillon (Vendée). — Île de Ré (Charente-Inférieure). — Bassin d'Arcachon (Gironde). — Biarritz, Saint-Jean-de-Luz (Basses-Pyrénées). — Golfe de Gascogne. — Gijon (Asturies).

Obs. Ce Foraminifère adhère à presque toutes les coquilles des grandes profondeurs.

PULVINULINA Parker et Jones.

38. **Pulvinulina concamerata** Montagu, Test. Brit. suppl., p. 160 (*Serpula*). — Williamson, Brit. Foramin., p. 52, fig. 101-105 (*Rotalina*).

Rosalina globularis d'Orbigny, Tabl. méth. des Céphal., p. 271, pl. 13, fig. 1-4.

Hab. Noirmoutiers (Vendée). — La Rochelle (Charente-Inférieure). — Golfe de Gascogne.

Obs. A l'état jeune, cette espèce est fixée sur les corps sous-marins et les fucoïdes ; elle se déforme fréquemment ; elle a été figurée à cette période par d'Orbigny, sous le nom de *Rosalina globularis*.

39. **Pulvinulina auricula** Fichtel et Moll, Test. microsc., pl. 20, fig. A-F. (*Nautilus*). — R. Jones, Parker, Brady, Crag Foraminifera, n° 85, pl. 2, fig. 33-35 (*Pulvinulina*).

Hab. Golfe de Gascogne (de Folin).

ROTALIA Lamarck.

40. **Rotalia Beccarii** Linné, Syst. nat., ed. 12, p. 1162 (*Nautilus*). — Montagu, Test. Brit., p. 186. — D'Orbigny, Tabl. méth. des Céphal., p. 275 (*Rotalia*). — Williamson, British Foramin., p. 48, fig. 90-92 (*Rotalina*).

β *Rotalia corallinarum* d'Orbigny, Tabl. méth. des Céphal., p. 275. — Modèles de Foramin., n° 75 ; 2e éd., p. 13.

Hab. Noirmoutiers, île Dieu, Pointe de l'Aiguillon (Vendée). — Marsilly, Esnandes, La Rochelle, île de Ré (Charente-Inférieure). — Bassin d'Arcachon, à l'entrée (Gironde).

Obs. Espèce commune dans toutes les mers d'Europe.

La var. β : *Rotalia corallinarum* de d'Orbigny est caractérisée par un enroulement sénestre, des loges un peu moins nombreuses, des cloisons rayonnantes plus droites. L'encroûtement calcaire de la région ombilicale est moins prononcé, la forme reste un peu plus globuleuse. Cette variété provient de Noirmoutiers.

POLYSTOMELLA Lamarck.

41. **Polystomella crispa** Linné, Syst. nat., ed. 12, p. 1162 (*Nautilus*). — Lamarck, Hist. nat., anim. s. vert., éd. 1, t. VII, p. 625 (*Polystomella*). — d'Orbigny, Tabl. méth. des Céphal., p. 283. — Williamson, Brit. Foram., p. 40, fig. 78-80.

Hab. Toutes les côtes du Sud-Ouest. C. — Gijon (Asturies).

Obs. A l'état jeune, la Polystomelle est pourvue de pointes aiguës, qui hérissent sa carène. Les vieux individus ont une carène lisse, ainsi que les cloisons rayonnantes; la région ombilicale est alors plus ou moins saillante, ornée de tubercules semi-transparents.

42. **Polystomella umbilicata** Montagu, Test. Brit., p. 191 (*Nautilus*). — Williamson, British Foramin., p. 42, fig. 81-82 (*Polystomella*).

Polystomella oceanensis d'Orbigny, Tabl. méth. des Céphal., p. 285.

Hab. Sables de fond, entre l'île Dieu et l'île de Noirmoutiers (Vendée). — Bassin d'Arcachon (Gironde).

Obs. L'examen du type de d'Orbigny ne laisse aucun doute sur son identité avec l'espèce de Montagu.

NONIONINA d'Orbigny.

43. **Nonionina crassula** Turton *in* Linné, Syst. nat., éd. 1800-1806 (*Nautilus*). — Montagu, Test. Brit., p. 191. — D'Orbigny, Tabl. méth. des Céphal., p. 294 (*Nonionina*). — Williamson, British Foramin., p. 33, fig. 70-71.

Hab. Marsilly, Esnandes, île de Ré (Charente-Inférieure). — Vit aussi dans la Manche, à Boulogne.

44. **Nonionina Barleeana** Williamson, British Foraminifera, p. 32, fig. 68-69.

Hab. Marsilly (Charente-Inférieure).

Obs. Cette espèce n'a guère été rencontrée jusqu'à présent que sur les rivages du nord des îles Britanniques.

45. **Nonionina elegans** Williamson, British Foraminifera, p. 35, fig. 74, 75.

Hab. Golfe de Gascogne. R. (de Folin).

46. **Nonionina stellifera** D'ORBIGNY, Foramin. des Canaries, pl. 3, fig. 1-2.

HAB. Golfe de Gascogne. — Entre l'île de Ré et l'île de Noirmoutiers. C. — Gijon (Asturies).

OBS. Au nombre des espèces qu'on trouvera peut-être sur les côtes des Basses-Pyrénées, nous devons signaler le singulier corps décrit par Lamarck sous le nom de *Millepora rubra*, rapporté au genre *Polytrema* par Carpenter, et classé parmi les Foraminifères. Commun dans la Méditerranée et dans la plupart des mers chaudes, il existe à la surface de diverses coquilles draguées à Gijon (Asturies).

TABLE DES MATIÈRES

—

PREMIER MÉMOIRE. — BRYOZOAIRES MARINS.

DEUXIÈME MÉMOIRE. — ÉCHINODERMES.

TROISIÈME MÉMOIRE. — FORAMINIFÈRES MARINS.

Maison Lafargue : Coderc, Degréteau et Poujol, succ.
Bordeaux. — Imp. de F. Degréteau et Cie.